普通高等教育“十二五”规划教材

风电场仿真运行

主　编　李　庆　朱小军
副主编　江文贱　刘　媛
主　审　黄建荣　陈　俊

内 容 提 要

本书主要以风电场为例，紧密联系风电场运行实际，以培养相关专业学生的风电机组运行操作能力为目的，结合风电仿真机操作界面，系统地介绍风电机组发展与应用、风电场的正常运行与巡视、风机的运行操作、电力设备的运行操作、仿真系统电力设备操作、异常运行与故障处理等。

本书为高职高专院校新能源发电技术、热能动力工程专业、电力系统自动化和发电厂及电力系统等专业风电机组仿真教材，也可作为风电场运行人员的仿真培训教材，并可供有关专业工程技术人员和管理人员参考。

图书在版编目（CIP）数据

风电场仿真运行 / 李庆，朱小军主编. -- 北京 :
中国水利水电出版社，2014.1
普通高等教育“十二五”规划教材
ISBN 978-7-5170-1710-3

Ⅰ. ①风… Ⅱ. ①李… ②朱… Ⅲ. ①风力发电系统
－仿真系统－电力系统运行－高等职业教育－教材 Ⅳ.
①TM614

中国版本图书馆CIP数据核字(2014)第015575号

书　　名	普通高等教育“十二五”规划教材 **风电场仿真运行**
作　　者	主　编　李　庆　朱小军
出版发行	中国水利水电出版社 （北京市海淀区玉渊潭南路1号D座　100038） 网址：www.waterpub.com.cn E-mail：sales@waterpub.com.cn 电话：（010）68367658（发行部）
经　　售	北京科水图书销售中心（零售） 电话：（010）88383994、63202643、68545874 全国各地新华书店和相关出版物销售网点
排　　版	北京零视点图文设计有限公司
印　　刷	三河市鑫金马印装有限公司
规　　格	184mm×260mm　16开本　8.5印张　206千字
版　　次	2014年1月第1版　2014年1月第1次印刷
印　　数	0001—3000册
定　　价	**26.00**元

前　言

环境问题和可持续发展问题是21世纪人类面临的两个基本问题，这使得传统的能源产业，特别是电力工业面临严峻的挑战。各种形式的新能源和可再生能源的开发与应用取得飞速进展。目前，我国正大力发展风力发电。2012年，我国风电装机容量已超过美国，居世界第一。由此，相关的发电集团、制造业和技术服务业形成了大量的人才需求。本书编写的目标就是针对当前各设置了新能源发电专业的高职院校缺乏相关风电场仿真运行课程教材的现状，使相关专业学生与读者在了解风电场基本理论和主要技术内容的同时，全面掌握风电场的运行、操作及事故处理，以提高其专业技能和素质。

本书由江西电力职业技术学院李庆、朱小军任主编，江文贱、刘媛任副主编。参编人员有唐琳艳、平莉、黄志明。全书由李庆、江文贱负责统稿工作。全书共六章，其中，唐琳艳、李庆编写第一章，江文贱编写第二章，刘媛、平莉编写第三章，朱小军、黄志明编写第四章，朱小军、平莉编写第五章，江文贱、朱小军编写第六章。

本书由江西电力职业技术学院黄建荣和中电投江西公司新能源分公司陈俊担任主审，提出了许多具有建设性的意见和建议。同时，本书在编写过程中，参考了有关兄弟院校、国网电科院科东公司和中电投江西公司新能源分公司的诸多文献和资料，在此一并表示感谢。

由于编者水平所限，书中不足和疏漏之处在所难免，恳请读者批评指正。

编者

2013年11月

目　录

第一章 绪 论

第一节 风电能源的时代背景

一、风能

风能是空气流动所产生的动能。由于地面各处受太阳辐照后气温变化不同和空气中水蒸气的含量不同，引起各地气压的差异，在水平方向高压空气向低压地区流动，即形成风。

风就是水平运动的空气。空气产生运动，主要是由于地球上各纬度所接受的太阳辐射强度不同而形成的。在赤道和低纬度地区，太阳高度角大，日照时间长，太阳辐射强度大，地面和大气接受的热量多，温度较高；高纬度地区太阳高度角小，日照时间短，地面和大气接受的热量小，温度低。这种高纬度与低纬度之间的温度差异，形成了南北之间的气压梯度，使空气作水平运动，风应沿水平气压梯度方向吹，即垂直于等压线从高压向低压吹。

由于地球的自转，使空气水平运动发生偏向的力，称为地转偏向力（科氏力），这种力使北半球气流向右偏转，南半球气流向左偏转。所以地球大气运动除受气压梯度作用外，还要受地转偏向力的影响，大气运动是这两个力综合影响的结果。

实际上，地面风不仅受这两个力的支配，而且在很大程度上受海洋、地形的影响。山隘和海峡不仅能改变气流运动的方向，还能使风速增大；而丘陵、山地的摩擦使风速减小；孤立山峰却因海拔高使风速增大。因此，风向和风速的时空分布较为复杂。

海陆的差异对气流运动也会产生影响。在冬季，大陆比海洋冷，大陆气压比海洋高，风从大陆吹向海洋。夏季则相反，大陆比海洋热，风从海洋吹向内陆。这种随季节转换的风称为季风（图 1-1）。

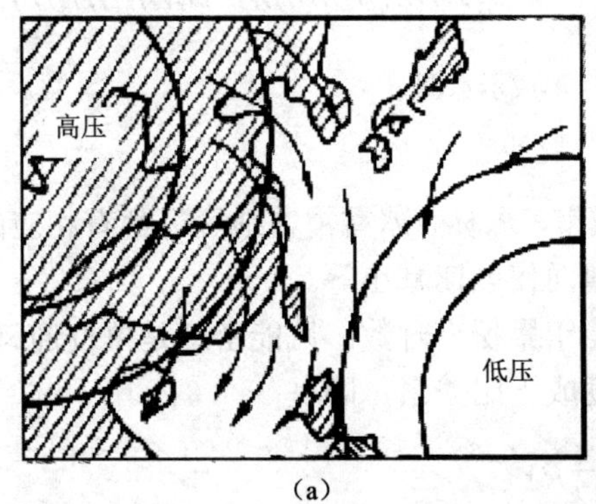

(a)

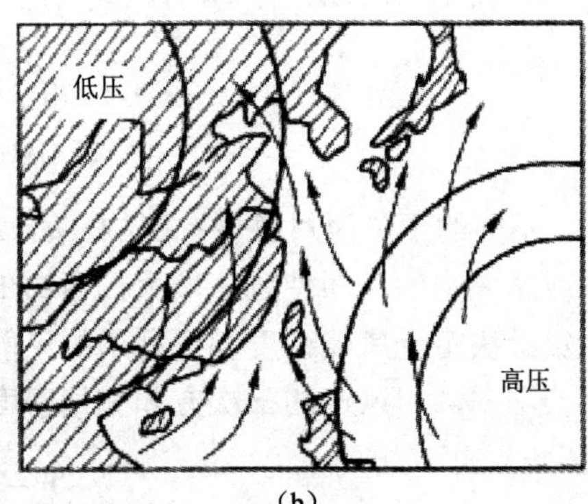

(b)

图 1-1 海陆热力差异引起的季风示意图

(a) 冬季；(b) 夏季

所谓的海陆风，就是白昼时，大陆上的气流受热膨胀上升至高空流向海洋，到海洋上空冷却下沉，在近地层海洋上的气流吹向大陆，补偿大陆的上升气流，低层风从海洋吹向大陆称为海风［图 1-2（a）］；夜间情况相反，低层风从大陆吹向海洋，称为陆风［图 1-2（b）］。

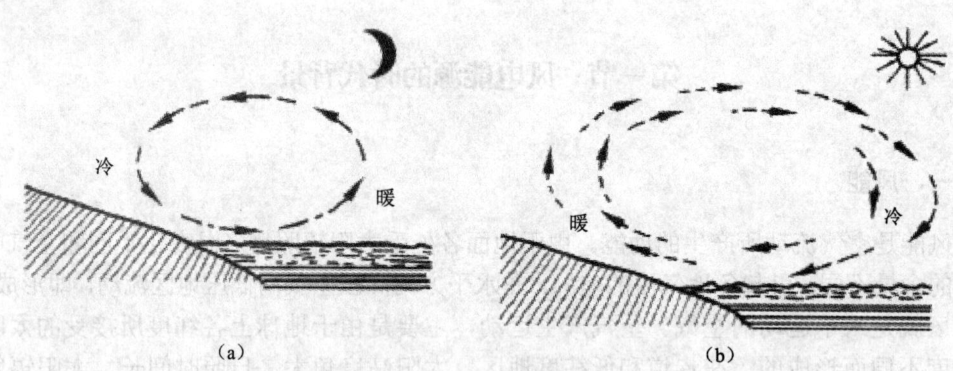

图 1-2　海陆风形成示意图

（a）陆风；（b）海风

在山区，白天山坡受热快，温度高于山谷上方同高度的空气温度，坡地上的暖空气从山坡流向谷地上方，谷地的空气则沿着山坡向上补充流失的空气，这时由山谷吹向山坡的风称为谷风［图 1-3（a）］。夜间山坡因辐射冷却，其降温速度较快，冷空气沿坡地向下流入山谷，称为山风［图 1-3（b）］。

图 1-3　山谷风形成示意图

（a）谷风；（b）山风

此外，不同的下垫面对风也有影响，如城市、森林、冰雪覆盖地区等都有相应的影响。光滑地面或摩擦小的地面使风速增大，粗糙地面使风速减小等。

风能资源决定于风能密度和可利用的风能年累积小时数。风能密度是单位迎风面积可获得的风的功率，与风速的三次方和空气密度成正比关系，即

$$w = \frac{1}{2}\rho v^3 \tag{1-1}$$

式中　w——风能密度，W/m^2；

ρ——空气密度，kg/m^3；

v——风速，m/s。

我国风能资源的分布与气候背景有着非常密切的关系，我国风能资源丰富和较丰富的地区主要分布在两个大带里。

1. 三北（东北、华北、西北）地区风能资源丰富区

三北地区风能资源丰富区，风能功率密度在200～300W/m^{2}以上，有的可达500W/m^{2}以上，如阿拉山口、达坂城、辉腾锡勒、锡林浩特的灰腾梁等，可利用的小时数在5000h以上，有的可达7000h以上。这一风能丰富带的形成，主要是由于三北地区处于中高纬度的地理位置有关。

2. 沿海及其岛屿风能资源丰富区

沿海及其岛屿风能资源丰富区，年有效风能功率密度在200W/m^{2}以上，风能功率密度线平行于海岸线。沿海岛屿风能功率密度在500W/m^{2}以上，如台山、平潭、东山、南鹿、大陈、嵊泗、南澳、马祖、马公、东沙等，可利用小时数为7000～8000h。但是，在东南沿海，由于海岸向内陆是丘陵连绵，其风能丰富地区仅在海岸50km之内，再向内陆不但不是风能丰富区，反而成为全国最小风能区，风能功率密度仅50W/m^{2}左右，基本上是风能不能利用的地区。

3. 内陆风能资源丰富区

除两个风能丰富带之外，其余地区的风能功率密度一般在100 W/m^{2}以下，可以利用小时数为3000h以下。但是在一些地区由于湖泊和特殊地形的影响，风能也较丰富，如鄱阳湖附近较周围地区风能大，湖南衡山、安徽黄山、云南太华山等地较平地风能为大。但是这些只限于很小范围之内，不像两大带那样大的面积，特别是三北地区面积更大。

青藏高原海拔4000m以上，这里的风速比较大，但空气密度小，如在海拔4000m的空气密度大致为地面空气密度的67%，也就是说，同样是8m/s的风速，在平原上风能功率密度为313.6W/m^2，而在海拔4000m处只为209.9W/m^2，虽然这里年平均风速在3~5m/s，其风能仍属一般地区。

二、风电的发展

风能作为一种清洁的可再生能源，越来越受到世界各国的重视。其蕴量巨大，全球的风能约为2.74×10^9 MW，其中可利用的风能为2.74×10^7 MW，比地球上可开发利用的水能总量还要大10倍。风能很早就被人们利用，主要是通过风车来抽水、磨面等。而现在，人们感兴趣的是如何利用风能来发电。

随着现代工业的飞速发展，人类对能源的需求明显增加，而地球上可利用的常规能源日趋匮乏。同时，人口的增加，对能源的需求也越来越大，而以燃煤为主的火力发电，会大量排放CO_2、SO_2以及NO_X等污染气体，造成越来越严重的环境污染。

因此，人类需要解决人口、资源、环境的可持续发展问题。开发、利用新能源是实现能源持续发展的方向之一。风力发电以其无污染、可再生、技术成熟备受世人青睐，近几年风力发电的增长速度位居各类能源之首。

19世纪末，丹麦仿造飞机的螺旋桨制造了二叶、三叶高速风力发电机并网发电（图1-4），装机容量虽然都在5kW以下，但却开拓了将风能转换成电能的先河。

图 1-4 1891 年丹麦研制的风电机组

1973 年发生石油危机以后，美国、西欧等发达国家为寻求替代化石燃料的能源，投入大量经费，动员高科技产业，利用计算机、空气动力学、结构力学和材料科学等领域的新技术研制现代风力发电机组，开创了风能利用的新时期。

我国利用风能发电始自 20 世纪 70 年代，中国发展微小型风力发电机为内蒙古、青海的牧民提水饮畜及发电照明，容量在 50～500W 不等，制造技术成熟。但是我国中、大型风力发电机发展起步较晚，直到 20 世纪 80 年代才开始自行研制。

目前，世界上一些发达国家每年几乎以 20%的增容速度发展着风电。至 2012 年，全球风力发电机总装机容量达 282430MW，同比增长 18. 7%（图 1-5）。其中，累计装机容量位居全球前十位的国家有：中国（75564MW，26.8%）、美国（60007MW，21.2%）、德国（31332MW，11.1%）、西班牙（22796MW，8.1%）、印度（18421MW，6.5%）、英国（8445MW，3.0%）、意大利（8144MW，2.9%）、法国（7196MW，2.5%）、加拿大（6200MW，2.2%）、葡萄牙（4525MW，1.6%）。

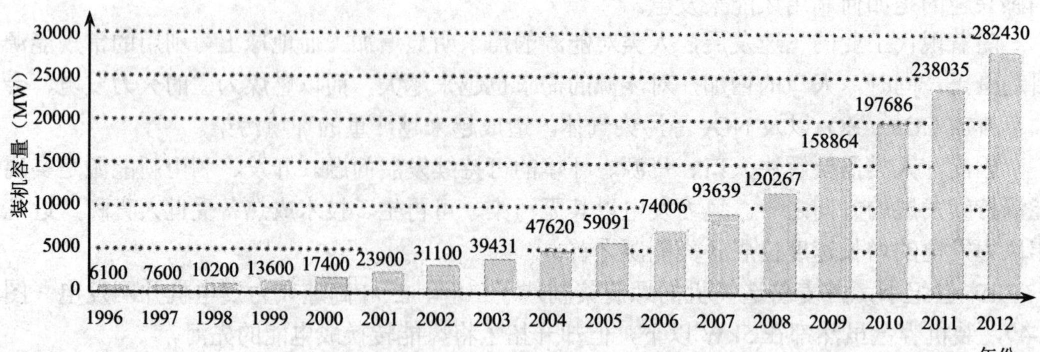

图 1-5 1996～2012 年全球风电产业累计装机容量

2012年全球风电产业新增装机容量高达44711MW，同比增长10.1%（图1-6）。其中，新增装机容量排名前十位的国家分别是：中国（13200MW，30%）、美国（13124MW，29%）、德国（2439MW，5%）、印度（2336MW，5%）、英国（1897MW，4.2%）、意大利（1273MW，2.8%）、西班牙（1122MW，2.5%）、巴西（1077MW，2.4%）、加拿大（935MW，2.1%）、罗马尼亚（923MW，2.1%）。

我国风能储量很大、分布面广，开发利用潜力巨大，这为发展中国的风电事业创造了十分有利的条件。我国2020年风电规划装机目标1.5亿kW，届时风力资源开发比例将达到75%。

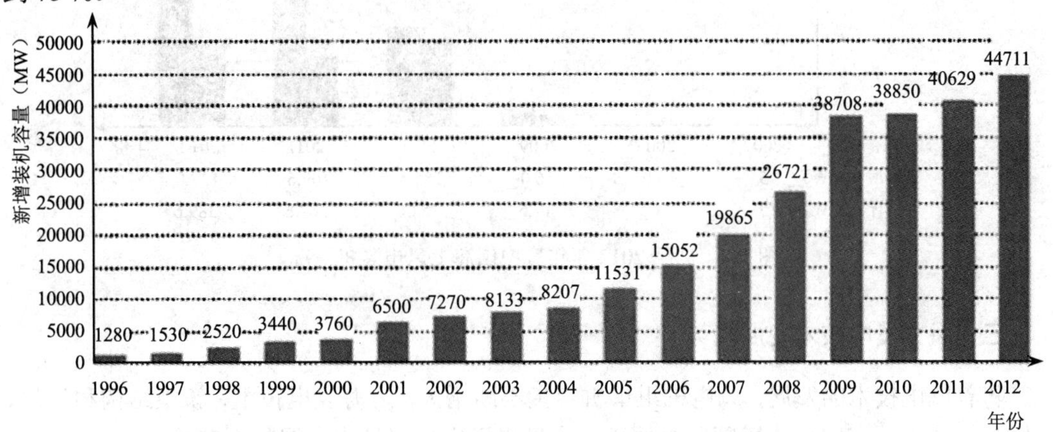

图1-6 1996～2012年全球风电产业新增装机容量

“十二五”期间，国家加大了海上风电开发力度，2011年启动第二轮江苏100万kW海上特许权招标，并推动河北、山东、浙江、福建等省海上风电发展，将给风电行业带来新的增长点。2012年，中国海上风电新增装机46台，容量达到127MW（表1-1），其中潮间带装机量为113MW，占海上风电新增装机总量的89%（潮间带是指大潮期的最高潮位和最低潮位间的海岸，即海水涨至最高时所淹没的地方开始至潮水退到最低时露出水面的范围）。

表1-1 2012年中国海上风电机组安装情况

省份	项目名称	开发商	制造商	装机数量（台）	装机容量（MW）
山东	滨海海上风电项目一期	国电	联合动力	1	3
	潍坊实验风电场			1	6
福建	福清海上风电项目样机	福建投资	湘电风能	1	5
江苏	龙源如东潮间带项目	龙源	重庆海装	2	10
	龙源如东15万kW海上（潮间带）示范风电场		金风	20	50
	龙源如东15万kW海上（潮间带）示范风电场增容			20	50
	江苏响水潮间带2×3MW试验风机项目	长江新能源	金风	1	3
总计				46	127

截至2012年年底，中国已建成的海上风电项目共计389.6MW（图1-7），是除英国、丹麦以外海上风电装机最多的国家。

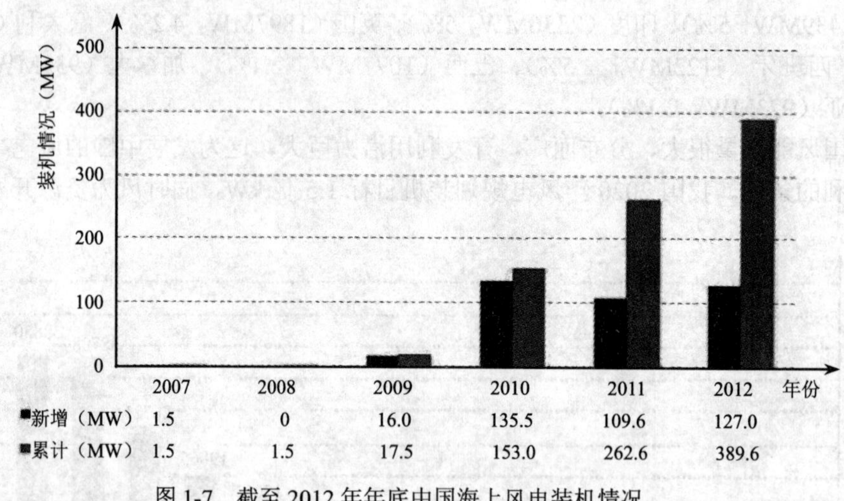

图1-7 截至2012年年底中国海上风电装机情况

三、风力发电技术发展趋势

随着风电技术的发展，风电机组单机容量不断增大，近海风电技术、新型结构和材料、直接驱动技术、变桨变速恒频发电技术成为世界风电机组技术发展的新趋势。

1. 机组容量

近年来，国际风电市场中风电机组的单机容量持续增大。随着单机容量不断增大和利用效率提高，国际上主流机型已经从2000年的500～1000kW增加到2009年的2～3MW。

我国主流机型已经从2005年的600～1000kW增加到2009年的850～2000kW，2009年我国陆地风电场安装的最大风电机组为2MW。

近年来，海上风电场的开发进一步加快了大容量风电机组的发展，2008年年底，国际上已运行的最大风电机组单机容量已达到6MW，风轮直径达到127m。目前，已经开始8～10MW风电机组的设计和制造。我国华锐风电科技有限公司的3MW海上风电机组已经在上海东海大桥海上风电场成功投入运行，5MW海上风电机组已在2010年10月底下线。目前，华锐、金风、东汽、国电联合、湖南湘电、重庆海装等公司都在研制5MW或6MW的大容量风电机组。

2. 水平轴风电机组技术成为主流

因水平轴风电机组具有转轴较短、风能转换效率高、经济性好等优点，使水平轴风电机组成为世界风电发展的主流机型，并占到95%以上的市场份额。同期发展的垂直轴风电机组因转轴过长、风能转换效率不高，启动、停机和变桨困难等问题，使其应用受到影响。但由于其全风向对风、变速装置及发电机可以置于风轮下方或地面等优点，近年来，国际上相关研究和开发也在不断进行并取得一定进展。

3. 变桨变速功率调节技术得到广泛应用

由于变桨距功率调节方式具有载荷控制平稳、安全和高效等优点，近年在大型风电机组上得到了广泛应用。结合变桨距技术的应用以及电力电子技术的发展，大多风电机组开发制造厂商开始使用变速恒频技术，并开发出了变桨变速风电机组，使得在风能转换上有了进一步完善和提高。2009 年，在全球所安装的风电机组中有 95%的风电机组采用了变桨变速方式，而且比例还在逐渐上升。我国 2009 年安装的兆瓦级风电机组中，也全部是变桨距机组。2MW 以上的风电机组大多采用三个独立的电控调桨机构，通过三组变速电机和减速箱对桨叶分别进行闭环控制。

4. 双馈异步发电技术仍占主导地位

以丹麦 Vestal 公司的 V80、V90 为代表的双馈异步发电型变速风电机组，在国际风电市场中所占的份额最大，德国 Repower 公司利用该技术开发的机组单机容量已经达到 5MW。德国西门子股份公司、德国 Nordex 公司、西班牙 Gamesa 公司、美国 GE 风能公司和印度 Suzlon 公司都在生产双馈异步发电型变速风电机组。2009 年新增风电机组中，双馈异步发电型变速风电机组仍然占 80%以上。目前，欧洲正在开发 10MW 的双馈异步发电型变速恒频风电机组。

2009 年我国新增风电机组中，双馈异步发电型变速风电机组仍然占 82%以上。

5. 直驱式、全功率变流技术得到迅速发展

无齿轮箱的直驱方式能有效地减少由于齿轮箱问题而造成的机组故障，可有效提高设备的运行可靠性和寿命，减少维护成本，因而得到了市场的青睐。采用无齿轮箱系统的德国 Enercon 公司在 2009 年仍然是德国、葡萄牙风电产业的第一大供应商和印度风电产业的第二大供应商，在新增风电装机容量中，Enercon 公司已占本国市场份额的 55%以上。德国西门子股份公司已经在丹麦的西部安装了两台 3.0MW 的直驱式风电机组。其他主要制造企业也在积极开发研制直驱风电机组。我国新疆金风科技有限公司与德国 Wensys 公司合作研制的 1.5MW 直驱式风电机组，已有上千台安装在风电场。

2009 年新增大型风电机组中，直驱式风电机组已超过 17%。

伴随着直驱式风电系统的出现，全功率变流技术得到了发展和应用。应用全功率变流的并网技术，使风轮和发电机的调速范围扩展到 0～150%的额定转速，提高了风能的利用范围。由于全功率变流技术对低电压穿越技术有很好且简单的解决方案，对下一步发展占据了优势。与此同时，半直驱式风电机组也开始出现在国际风电市场上。在轴承支撑方式上，单个回转支承轴承代替主轴和两轴承成为某些 2MW 以上机组的选择，如富兰德的 2.5MW 机组，这说明无主轴系统正在成为欧洲风电机组发展的一个新动向。

6. 大型风电机组关键部件的性能日益提高

随着风电机组的单机容量不断增大，各部件的性能指标都有了提高，国外已研发出 3～12kV 的风力发电专用高压发电机，使发电机效率进一步提高，高压三电平变流器的应用，大大减少了功率器件的损耗，使逆变效率达到 98%以上。某些公司还对桨叶及变桨距系统进行了优化，如德国 Enercon 公司在改进桨叶后使叶片的功率系数 C_P 值达到了 0.5 以上。从 2007 年胡苏姆风能展的情况看，欧洲风电设备的产业链已经形成，为今后的快速发展奠定了基础。

7. 智能化控制技术的应用加速提高了风电机组的可靠性和寿命

风电机组的极限载荷和疲劳载荷是影响风电机组及部件可靠性和寿命的主要因素之一，近年来，风电机组制造厂家与有关研究部门积极研究风电机组的最优运行和控制规律，通过采用智能化控制技术，与整机设计技术结合，努力减少和避免风电机组运行在极限载

荷和疲劳载荷，并逐步成为风电控制技术的主要发展方向。

8. 叶片技术发展趋势

随着风电机组尺寸的增大，叶片的长度也变得更长，为了使叶片的尖部不与塔架相碰，设计的主要思路是增加叶片的刚度。为了减少重力和保持频率，则需要降低叶片的重量。好的疲劳特性和好的减振结构有助于保证叶片长期工作的寿命。

叶片状况检测设备的开发和应用，可在叶片结构中的裂纹发展成致命损坏之前或风电机组整机损坏之前警示操作者。

为了增加叶片的刚度并防止它由于弯曲而碰到塔架，在长度大于 50m 的叶片上广泛使用强化碳纤维材料。

智力材料例如压电材料将被使用以使叶片的气动外形能够快速变化。

为了减少叶片和整机上的疲劳负荷，可控制的尾缘小叶会被逐步引入叶片市场。

热塑材料的应用：用玻璃钢、碳纤维和热塑材料的混合纱丝制造叶片，这种纱丝铺进模具，加热模具到一定温度后，塑料就会融化，并将纱丝转化为合成材料，可使叶片生产工期缩短 50%。

9. 风电场建设和运营的技术水平日益提高

随着投资者对风电场建设前期的评估工作和建成后运行质量的越来越高的要求，国外已经针对风资源的测试与评估开发出了许多先进测试设备和评估软件，在风电场选址方面已经开发了商业化的应用软件。在风电机组布局及电力输配电系统的设计上也开发出了成熟软件。国外还对风电机组和风电场的短期及长期发电量预测做了很多研究，取得了重大进步，预测精确度可达 90%以上。

10. 恶劣气候环境下的风电机组可靠性得到重视

我国的北方具有沙尘暴、低温、冰雪、雷暴，东南沿海有台风、盐雾，西南地区具有高海拔等恶劣气候特点。恶劣气候环境会对风电机组造成很大的影响，包括增加维护工作量，减少发电量，严重时还导致风电机组损坏。因此，在风电机组设计和运行时，必须要有一定的防范措施，以提高风电机组抗恶劣气候环境的能力，减少损失。我国的风电机组研发单位在防风沙、抗低温、防雷击、抗台风、防盐雾等方面进行了研究，以确保风电机组在恶劣气候条件下能可靠运行，提高发电量。

11. 低电压穿越技术得到应用

随着风电机组单机容量的不断增大和风电场规模的不断扩大，风电机组与电网间的相互影响已日趋严重。一旦电网发生故障，迫使大面积风电机组因自身保护而脱网的话，将严重影响电力系统的运行稳定性。

随着接入电网的风力发电机容量的不断增加，电网对其要求越来越高，通常情况下，要求发电机组在电网故障出现电压跌落的情况下不脱网运行，并在故障切除后能尽快帮助电力系统恢复稳定运行，也就是说，要求风电机组具有一定低电压穿越能力。

随着风力发电装机容量的不断增大，很多国家的电力系统运行导则对风电机组的低电压穿越能力做出了规定。我国的风电机组在电网电压跌落情况下，也必须采取相应的应对措施，确保风电系统的安全运行并实现低电压穿越功能。

四、风电发展存在的问题

目前，风力发电技术、储存技术、联网控制技术，部分已得到了解决。风电已成为西欧各国实施减排的主要替代绿色能源，但仍存在一问题，制约着风电的发展。

1. 风电投资成本高

风电投资成本是煤电的2倍。煤电平均投资为4500元/kW，风电约9000元/kW。风电平均电价高于煤电，煤电0.36元/（kW·h），而风电为0.56元/（kW·h）。电价高是影响并网发电积极性的原因之一。

2. 风电是一种不稳定电源

风与季节、气象有关。风小、无风发不了电，风太大也不行。煤电满负荷发电4820h，设备使用效率约55%，而一般风电场发电效率相当于满负荷2000h，设备使用效率约23%，还不到煤电发电的一半。也就是说风电每千瓦容量投资比煤电高一倍，而设备使用效率还不到煤电的一半。

3. 风电对控制要求很高

由于风机随风力大小发出不同频率和电压的电，难以入网和使用，需要变成直流，再换流成和电网一样的频率、相位和电压才能入网。目前风力发电电子控制部分仍然是依靠引进和进口。

另外，风电入网会产生电压闪变、高次谐波和无功功率需求等问题。一般认为风电占当地电网容量的10%～15%就会干扰电网正常运行，这是世界性技术难题，大家都在进行探索研究，丹麦风电已占其电网容量20%，但其风电入网容量仅占总容量的50%，其余50%是离网性容量，直接向企业、居民等供电。

风电机组运行时产生的噪声、电磁辐射可能对环境有一定的影响。此外，风电机组旋转的叶轮可能影响鸟类的栖息，如靠近风景区对景观有一定的影响。

但是，风力发电过程不产生废气、废水、固体废弃物等污染物。风电作为可规模化开发的清洁可再生能源，开发利用可节约和替代大量化石能源，显著减少温室气体和污染物排放，改善能源结构。按2015年发电量测算，年节能约6000万t标准煤，减少二氧化碳排放1.5亿t，减少硫化物排放150万t，节约用水约5亿m^3，环境和社会效益显著。我国风能资源主要分布在西北、东北和华北地区，通过大规模开发这些地区的风能资源，可以显著促进当地经济发展，加快落后地区脱贫致富，促进地区间经济社会均衡和谐发展。

第二节　风力发电仿真系统

一、风力发电仿真系统介绍

TS2000风力发电仿真系统由北京科东公司开发，仿真风机主要参考大唐东山风电场。东山风电场是全国最大的陆上风电场之一，目前运行较为成熟。东山风电场共安装了单机850kW和2000kW的维斯塔斯风机共158台，总装机容量25万kW。

风电场建有220kV升压变电所一座，I期风机出口电压为690V，经风机变升压到35kV后送入35kV I母线，再送入1号主变升压到220kV后送入电网；II期风机出口电压为690V，经风机机舱内的干式变压器升压到33kV后送入33kV Ⅰ母线，再送入2号主变升压到220kV后送入电网；Ⅲ期风机出口电压为690V，经风机机舱内的干式变压器升压到33kV后送入33kV Ⅱ母线，再送入3号主变升压到220kV后送入电网。

220kV主接线采用单母线接线方式，母线为6063G— ϕ150/136硬管型母线。

1号主变35kV进线、2号主变33kV进线、3号主变33kV进线均采用钢芯铝绞线，35kV主母线母线桥、35kV连接母线桥及33kV Ⅰ、Ⅱ母线母线桥、连接母线桥均采用封闭母线。

Ⅰ期风机出口电压为690V，升压后变为35kV接入集电线路，该集电线路为钢芯铝绞线；Ⅱ、Ⅲ期风机出口电压为690V，升压至33kV接入集电线路，该集电线路为钢芯铝绞线。

220kV系统共有3台开关，1号主变高压侧5501开关，2号主变高压侧5502开关，3号主变高压侧5503开关。220kV系统共有一条出线220kV母线装有电压互感器、避雷器各一组，母线设有接地刀闸；35kV母线、33kVⅠ母线、33kV Ⅱ母线均装有电压互感器、避雷器各一组，35kV母线、33kVⅠ母线及33kVⅡ母线没有接地刀闸。1号主变、2号主变、3号主变220kV侧装有避雷器一组。

二、风力发电仿真系统主界面操作

风电仿真教员综合管理系统的主要功能是方便对学员的管理，采用Client/Server网络结构，配置灵活，操作简便。系统主界面如图1-8所示。

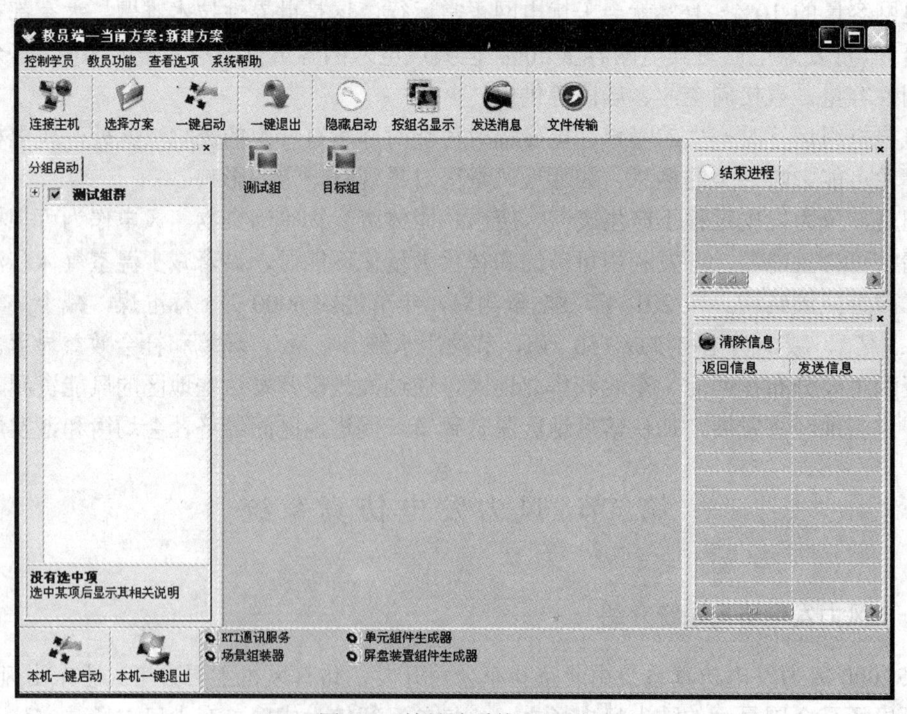

图1-8 教员端系统主界面

（一）工具栏

首先要在“机器列表”中选择您要操作的“组”或机器，方能进行下面的操作（图1-9）。

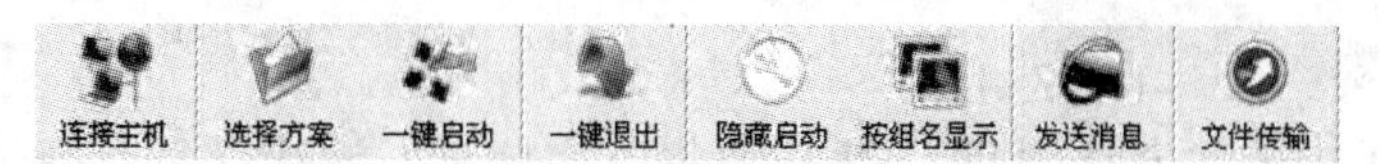

图 1-9　工具栏

1. 连接主机

单击图 1-9 中的“连接主机”按钮与学员机进行连接，初始化学员机本身的环境变量，为启动仿真培训系统做准备。

2. 选择方案

单击图 1-9 中的“选择方案”按钮为适应项目中多站多配置的需求，现将不同配置整理成方案。利用此功能可以在多个方案中切换，以达到不同配置的目的。当前只有一个方案能被打开操作界面如图 1-10 所示。

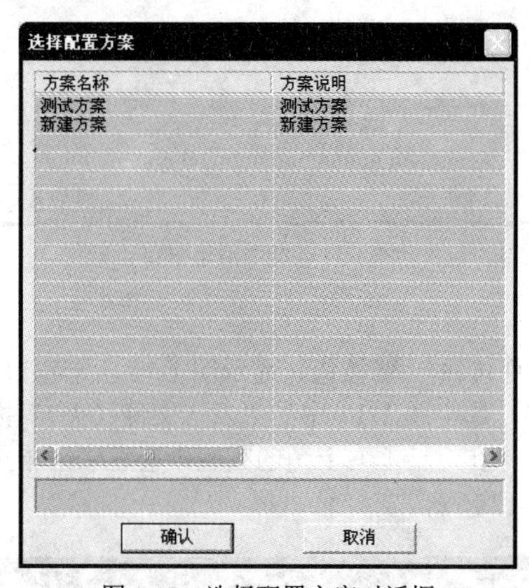

图 1-10　选择配置方案对话框

3. 一键启动

单击图 1-9 中的“一键启动”按钮，按一定顺序与逻辑关系启动事先配置好的程序组合，一般程序组合中会包括电网程序、监控程序、屏盘程序（三维程序）、一次程序（三维）以及这些程序之间的通讯程序、数据处理程序和计算程序等。

4. 一键退出

单击图 1-9 中的“一键退出”按钮退出学员机启动的所有进程。

5. 隐藏启动

单击图 1-9 中的“隐藏启动”按钮有两种状态，默认为“不隐藏启动”，此时不影响任何启动程序的操作；单击此按钮为选中状态时，表示“隐藏启动”。注意：此功能只能隐藏“控制台窗口”风格的程序（如 dbcom.exe 和 psm.exe）。

6. 按组名显示

单击图 1-9 中的“按组名显示”按钮有两状态，默认为“按组名显示”，此时“机器列表”的显示方式是以“组”为单位；单击此按钮为选中状态时，按钮图标部分变为，文字部分变为“按别名显示”，此时“机器列表”的显示方式是以“机器”为单位。

7. 发送消息

单击图 1-9 中的“发送消息”按钮将文字信息发送给学员，操作界面如图 1-11 所示。

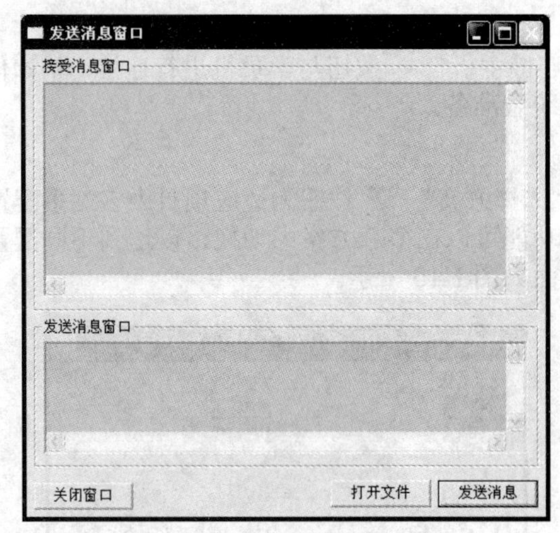

图 1-11 发送消息窗口

8. 文件传输

单击图 1-9 中的“文件传输”按钮，显示图 1-12 所示窗口。

（1）发送文件（夹）。选中图 1-12 中的“发送文件（夹）”按钮后，将要发送的文件（夹）拖拽到此对话框上，在对话框右上角的列表中会显示出相应的信息。单击“开始”按钮，进行操作，如图 1-12 所示。

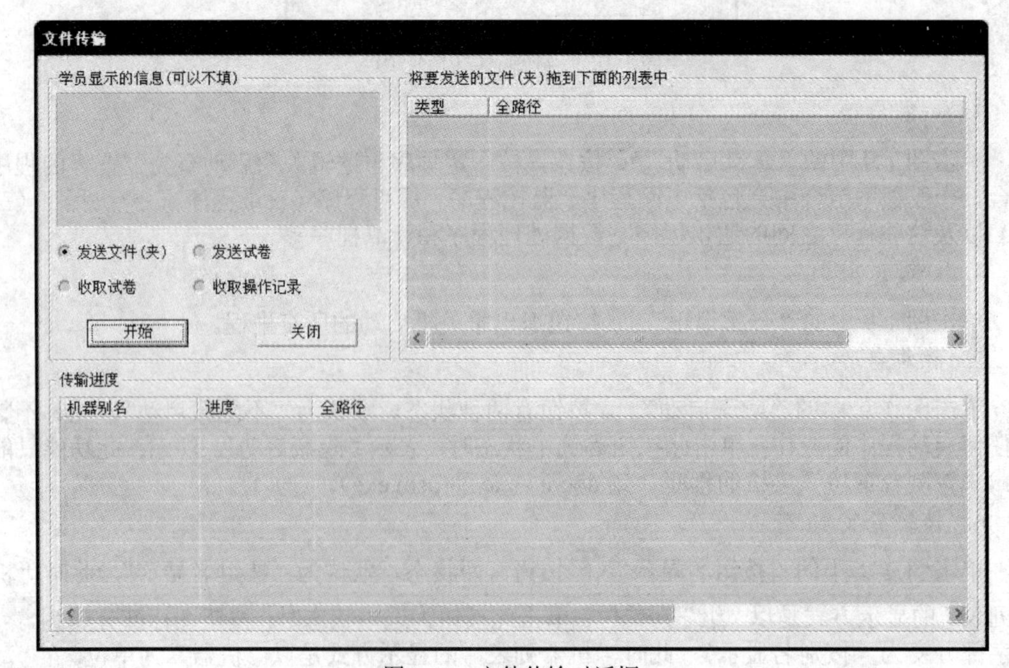

图 1-12 文件传输对话框

（2）发送试卷。选中图 1-12 中的“发送试卷”单选按钮后，将要发送的试卷文件拖拽到此对话框上，在对话框右上角的列表中会显示出相应的信息。单击“开始”按钮，进行操作。发送的试卷文件保存目录为“项目所在目录\ teacher\report\试卷目录”中。

（3）收取试卷。选中图 1-12 中的“收取试卷”单选按钮后，单击“开始”按钮，进行操作。收取回的试卷文件会以学员机别名命名，并保存到教员指定的目录中。

（4）收取操作记录。选中图 1-12 中的“收取操作记录”单选按钮后，单击“开始”按钮，进行操作。此操作也称“回收答案”，是将学员的操作记录文件收取上来。

（二）教员控制

教员控制选项栏如图 1-13 所示。

图 1-13　教员控制选项

1. 本机一键启动

单击图 1-13 中的“本机一键启动”按钮，启动“默认进程配置”中“仿真服务器”和“教员一键启动”下的所有进程。

2. 本机一键退出

单击图 1-13 中的“本机一键退出”按钮，退出本机所启动的所有进程。

（三）组群列表

显示配置好的“组群”、“组”和“机器”的别名。选择前面的“复选”框亦可动态“显示”或“隐藏”一个或多个“组群”或“组”，如图 1-14 所示。

图 1-14　组群列表对话框

（四）机器列表

“机器列表”中有多种状态表示，分别对应不同的图标来显示。

1. 按别名显示

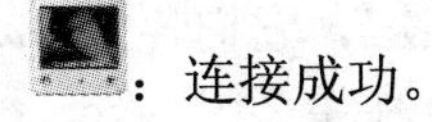：连接成功。

：连接失败或未连接。

：连接成功，并且当前学员机为锁定状态。

2. 按组名显示

：组内所有学员机均连接成功。

：组内所有学员机均连接失败或未连接。

：组内所有学员机均连接成功，并且全部被锁定。

：组内至少有一台学员机连接失败或未连接。

：组内至少有一台学员机未被锁定。

（五）进程列表

选中进程列表中前端的“复选框”，再单击“结束进程”按钮，可以结束一个或多个进程，如图 1-15 所示。

当用户在“机器列表”选中“组”或“学员机”时，“进程列表”会将选中的所有机器上正在运行的程序信息列出来（只显示连接成功的学员机上的进程信息）。

当用户没有在“机器列表”选中“组”或“学员机”时，“进程列表”只显示本机所有被启动的进程信息。

（六）信息列表

“信息列表”中的信息是按学员机来分组显示的。如果显示的信息太多，可以单击“清除信息”按钮，清除“信息列表”所显示的所有内容，如图 1-16 所示。

图 1-15　进程列表

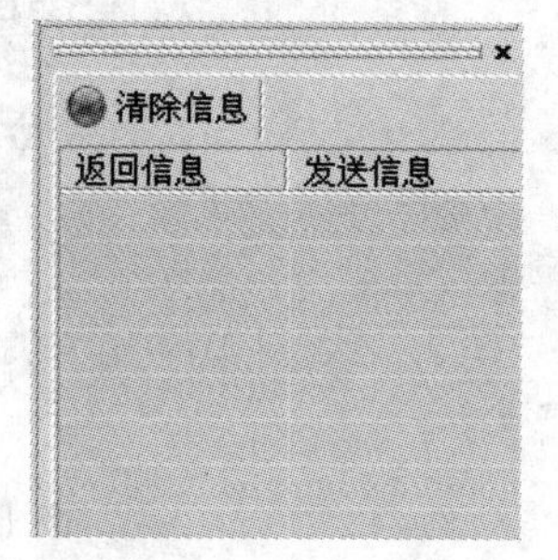

图 1-16　信息列表

（七）TS2000 系统的配置连接关系图

教员端控制着学员端，学员端一般由两到三台为一组的学员机构成（也可能是几十台机器为一组），每组内包括“仿真服务器”、“三维二次”和“三维一次”，它们各自启动不同的程序，从而搭建起 TS2000 系统，系统的配置连接关系如图 1-17 所示。

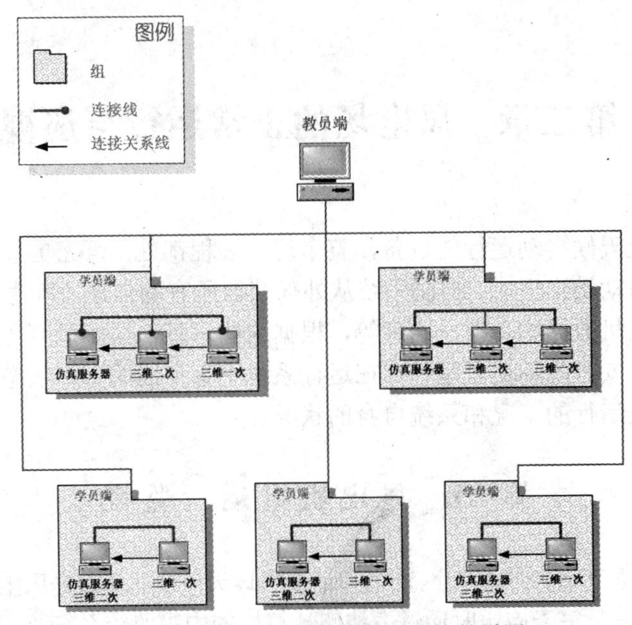

图 1-17 TS2000 系统的配置连接关系图

（八）配置操作流程图

根据图 1-18 所示的顺序，由左向右，由上至下地进行配置操作。

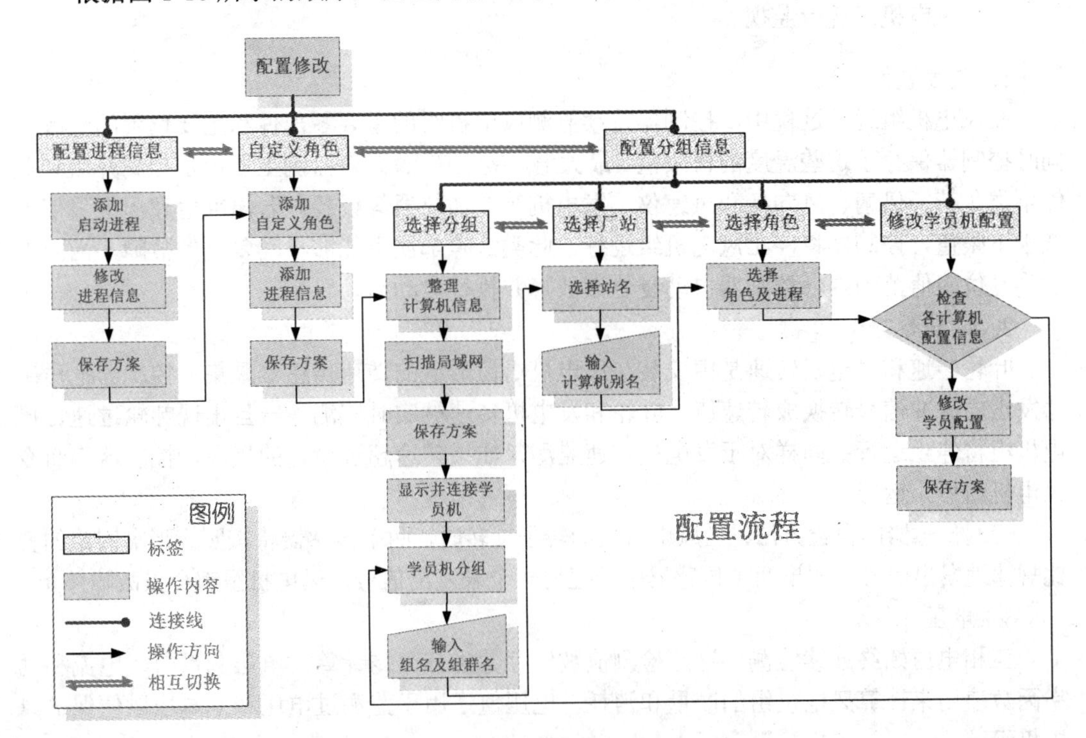

图 1-18 配置操作流程图

第二章　风电场的正常运行与巡视

风电机组是全天候自动运行的设备，整个运行过程都处于严密的监控之中。它能根据外部条件的变化自动做出反应，控制系统从外部获取所有的信息（风速，风向等），并从传感器获取有关的风机数据如功率、速度等，根据这些信息，系统调整风机的运行，保证风机一直在优化的、安全的环境里运行。在运行系统中有不同的逻辑状态，状态的选择取决于外部条件、风机运行的工况和系统自身的状况。

第一节　风电机组运行监视

风电场运行人员每天应按时上网查询和记录当地天气预报，做好风电场安全运行的事故预想和对策。运行人员每天应定时通过主控室计算机的中央监控系统监视风电机组各项参数变化情况。根据计算机中央监控系统显示的风电机组运行参数，检查分析各项参数变化情况，并根据变化情况作出必要处理。同时在运行日志上写明原因，进行故障记录与统计。

一、风电机组运行监视

1. 温度监测

在风电机组运行过程中，控制器持续监测风电机组的主要零部件和主要位置的温度，同时控制器保存了这些温度的极限值（最大值、最小值）。温度监测主要用于控制开启和关停泵类负荷、风扇、风向标和风速仪、发电机等的加热器等设备。若温度值超出上限值或低于下限值，控制器将停止风电机组运行。此类故障都属于能够自动复位的故障，当温度达到复位限值范围内，控制器自动复位该故障并执行自动启动。

2. 转速数据

叶轮转速和发电机转速是由安装在风电机组齿形盘的转速传感器采集，控制器把传感器发出的脉冲信号转换成转速值。叶轮和发电机转速被实时监测，一旦出现叶轮过速，风电机组将停止运行；同样对于发电机转速监测，如果转速超过设定的极限，控制器将命令风电机组停止运行。

转速传感器的自检方法：当风电机组的转子旋转时，两个传感器将按照齿形盘固定的变比规律地发出信号，如果两个传感器中的任何一个未发出信号，风电机组都会报故障停止。

3. 电压

三相电压始终连续检测，这些检测值被储存并进行平均计算。电压测量值、电流和功率因数值用来计算风电机组的产量和消耗。电压值还用于监测过电压和低电压以便保护风电机组。

4. 电流

电压、电流测量值和其他一些数据一起用来计算风电机组的产量和消耗。电流值还用来监视发电机切入电网过程。在发电机并网后的运行期间，连续检测电流值以监视三相负荷是否平衡。如果三相电流不对称程度过高，风电机组将停机并显示错误信息。电流检测值也用于监视一相或几相电流是否有故障。

5. 频率

连续检测三相中一相（L1 相）的频率，一旦检测到频率值超过或低于规定值，风电机组会立即停止。

6. 功率因数

运行中连续监测三相平均功率因数。电压、电流和功率因数测量值与其他数据一起用于计算风电机组的产量和消耗，功率因数还用来计算风电机组的无功功率消耗。

7. 有功功率输出

三相有功功率是被连续检测的，根据各相输出功率测量值，计算出三相总的输出功率，用以计算有功电度产量和消耗。有功功率值还作为风电机组过发或欠发的停机条件。

8. 无功功率输出

三相无功功率是被连续检测的，三相总的输出功率用以计算无功电度产量和消耗。

9. 振动保护

振动保护装置安装在风电机组顶舱控制柜中，当振动值大于设定值时，振动保护装置向控制器发出振动信号。

水平面上发生的机械振动是由安装在底座上的振动监测器检测的。如果振幅超出限定值，振动开关动作，安全链断开，执行紧急停机。

10. 扭缆

由于机舱自动对风的特点，从机舱到塔架底部控制柜的电缆有可能被扭结。当电缆扭缆 2.5 圈后，PLC 发指令使机舱解缆至自由状态，叶轮因静风而静止。如果扭缆 3 周后还未进行解缆过程，则执行刹车过程，停机，并解缆。当风机的扭缆开关被触发后风机停机并报故障。

二、风电机组的检查维护时应做安全措施

风电机组的定期登塔检查维护应在手动“停机”状态下进行。如需进入轮毂进行检查维护工作，必须严格遵守《叶轮锁定操作规范》。

1. 叶轮锁定安全条例

严禁在平均风速不小于 11m/s 的情况下，进行叶轮锁定。叶轮转速必须低于 0.5r/min 时方可启动叶轮刹车。

工作人员进入风机维护操作时，应先按下“stop”键，然后将主控柜正面的“操作钥匙”开关扳到“repair”状态，使风机处于维护状态。当维护完毕，先按下“reset”键，将“操作钥匙”开关扳到“operation”状态，最后按下“start”键，启动风机，待风机正常运行后方可离开。只有经过专门培训的人员才能操作维护手柄、锁定销手轮和液压系统。严禁在叶轮转动的情况下插入止动销。

叶轮锁定必须由两人操作，一人操作维护手柄（图 2-1）或液压站，另一人转动手轮。叶轮锁定后在液压系统不能自动建压前不允许解除锁定。

严禁止动销未完全退出插孔前松开制动器。不能出现止动销切刹车盘的现象。

每当叶轮锁定解除前，必须检查叶轮锁定销上和转子刹车盘上有无铁屑，止动销插槽

处有无碎片，如发现须及时清理，清理时要防止落入电机内。进入叶轮工作后须对叶轮内杂物进行清扫。必须防止铁屑、砂粒等异物进入电机。

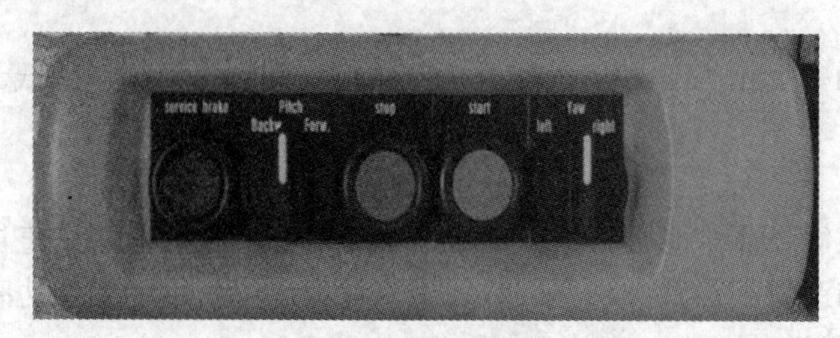

图 2-1　维护手柄

2. 叶轮锁定操作步骤

叶轮锁定分为机组吊装完成至上电前（液压系统不能自动建压）、上电后两种情况。

（1）吊装完成后上电前的锁定步骤。吊装完成后，在卸下第二个叶片的风绳前，利用风绳转动（两根风绳朝同一方向用力）叶轮对准止动销和止动销插孔。

按以下步骤将叶轮（发电机转子）锁定：

1）取出锁定销（转子未锁定时转子锁定装置状态，如图 2-2 所示）。

2）通过观察图 2-2 中观察孔查看止动销插孔与止动销是否接近；同时，逆时针缓慢转动手轮 5，推出止动销接近止动销插孔，当止动销插孔与止动销对应时，拉紧风绳防止叶轮转动，迅速逆时针旋转手轮，止动销插入止动销插孔。

3）插入锁定销（转子锁定时转子锁定装置状态，如图 2-3 所示）。

4）逆时针转动另一手轮，将止动销插入止动销插孔内，插入锁定销。

5）检查叶轮锁定销上和转子刹车盘上有无铁屑，止动销插槽处有无碎片，如发现须及时清理，清理时要防止落入电机内。进入叶轮工作后须对叶轮内杂物进行清扫。必须防止铁屑、砂粒等异物进入电机。

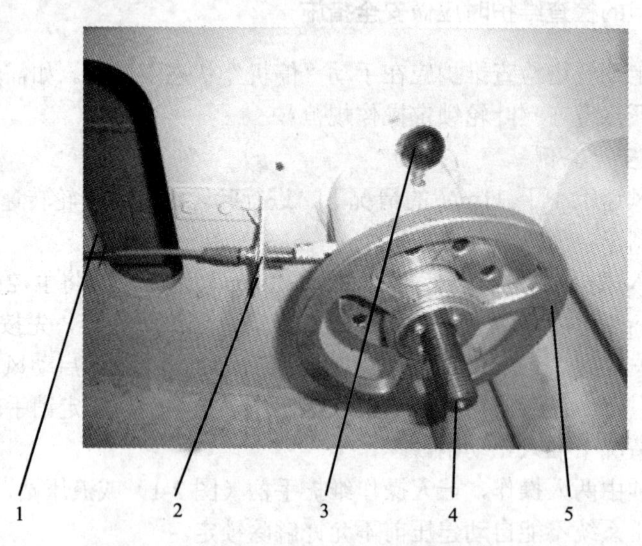

图 2-2　转子锁定装置（转子未锁定状态）

1—观察孔；2—传感器；3—锁定销；4—止动销；5—手轮

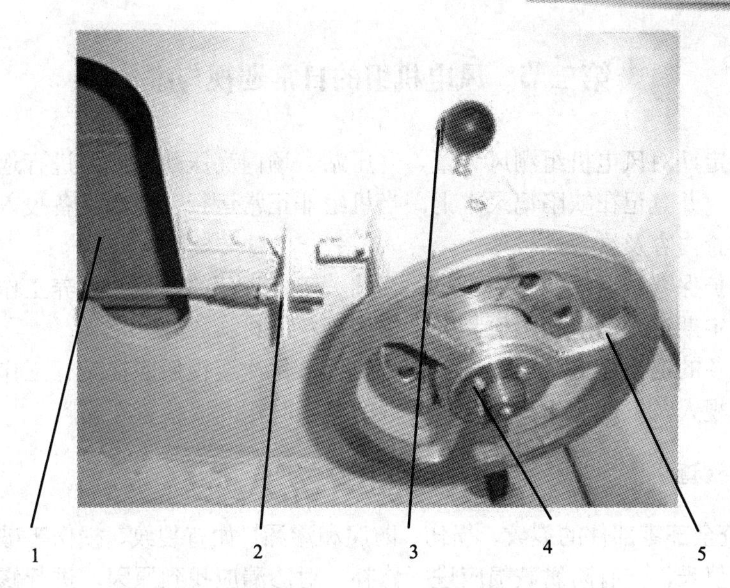

图 2-3　转子锁定装置（转子锁定状态）

1—观察孔；2—传感器；3—锁定销；4—止动销；5—手轮

（2）上电后的叶轮锁定步骤。

1）首先确保机组处于维护状态（即主控状态选择旋钮处于“Repair”位置），此时三个叶片都必须处于顺桨位置。根据当时风况，操纵维护手柄上“Yaw”旋钮，使风机正对主风向。操纵维护手柄上“Pitch”旋钮，使三个叶片顺桨刹车。

2）一旦叶轮转速不大于 0.5r/min 时（若高于此速度，可适当偏航达到此速度），按以下步骤将叶轮（发电机转子）锁定：

a．取出锁定销（转子未锁定时转子锁定装置状态见图 2-2）。

b．通过按维护手柄“Service brake”按钮将启动维护刹车，一旦松开按钮，刹车释放（见图 2-1）；通过观察孔查看止动销插孔与止动销是否接近，同时，逆时针缓慢转动手轮，推出止动销接近止动销插孔，当止动销插孔与止动销对应时，按下维护手柄上的“Service brake”按钮，使转子刹车，待叶轮完全停止转动后快速逆时针旋转手轮，止动销插入止动销插孔。

c．插入锁定销，转子锁定时的状态如图 2-3 所示。

d．逆时针转动另一手轮，将止动销插入止动销插孔内，插入锁定销。检查叶轮锁定销上和转子刹车盘上有无铁屑，止动销插槽处有无碎片，如发现须及时清理，清理时要防止落入电机内。进入叶轮工作后须对叶轮内杂物进行清扫。必须防止铁屑、砂粒等异物进入电机。

3．解除锁定

维护完毕后，取出锁定销，顺时针旋转手轮，在止动销接近退出止动销插孔时，顺时针旋转另一手轮，在两个止动销都未退出止动销插孔时，按下维护手柄按钮“service brake”，使转子刹车，顺时针旋转手轮直到止动销完全退回，传感器指示灯亮，此时，转子、叶轮处于自由空转状态。

第二节 风电机组的日常巡视与维护

运行人员定期对风电机组测风装置、升压站、场内高压配电线路进行巡回检查，发现缺陷及时处理，并登记在缺陷记录本上。当机组非正常运行、或新设备投入运行时，则需要增加巡回检查内容及次数。

正确的维护保养是风机能长期可靠运行的关键。规范的维护和保养工作包括按要求定期检查风机、定期进行润滑和螺栓紧固、使用推荐的材料。

变电所设备的巡视检查应遵照规程规定执行，每次巡视后应在运行工作记录簿上记录巡视时间、巡视人及发现的问题，无新发现的问题时记入“检查正常”。

一、总体检查

（1）检查全部零部件的裂纹、损伤、防腐和渗漏，如有裂纹、损伤等破损情况应停机并报告风电场值长，如有防腐破损应进行修补，对渗漏应找到原因，进行修理并报告风电场场长。

（2）检查风机的运行噪音，因叶片内部脱落的聚氨酯小颗粒所产生“沙拉沙拉”的声音，这是正常的，但一般仅在叶片缓慢运转时可以听到。如果发现与风机正常运行有异常噪音，应报告值长进行处理。

（3）检查灭火器和警告标志以及防坠落装置的功能是否完好。

二、对风机的外围进行检查

（1）用望远镜仔细观察叶片的外壳有无裂纹、凹痕和破损。

（2）检查箱变的外观是否有破损，电缆是否老化，油箱是否漏油，油色是否正常，油位是否在标准范围之内。接触点良好，有无脱落迹象。

（3）检查塔筒的楼梯门锁是否良好，有无人为破坏。开门后要记得将门打开固定，以免意外受伤。

三、塔架

1. 变流器

检查电缆绝缘是否有老化现象；检查保护隔板，电缆接头，电缆连接和接地线；检测通风，检查温度传感器是否能控制风扇工作（通过软件更改温度参数控制风扇动作）。

2. 控制系统

检查电缆，是否有老化现象；检查柜体内是否有杂物，并清洁柜体；检查柜体内螺栓是否有松动和锈蚀现象；检查清洁空气过滤器是否正常工作；清洁通风滤网并检测通风，检查温度传感器是否能控制风扇工作（通过软件更改温度参数控制风扇动作）。

3. 低压开关柜

检查柜体内螺栓是否松动，检查电缆连接情况，检查保护隔板，清洁柜体；检查熔断指示器，正常显示为绿色。

4. 电抗器

检查电抗器、变压器上的螺栓是否松动，如有松动，紧固；检查电缆是否老化；检查是否有杂物，清洁塔架下平台；检测通风，检查温度传感器是否能控制风扇工作（通过软件更改温度参数控制风扇动作）。

5. 塔架和基础

检查塔架和基础是否有损坏，密封是否完好、清洁；检查门梯子，是否有损坏和漆面脱落；检查入口、百叶窗、门框和密封圈是否遭到损坏；检查塔架筒体外部，是否有破损，焊缝是否有裂缝，是否受到腐蚀，漆面有无脱落；检查灯，检测锁的性能（开、闭、锁），检测各连接处的接头。

6. 塔架法兰

在维护过程中，通常按一定比例抽检螺栓，紧固力矩值时先做好标记，转角超过20°时，紧固所有螺栓，转角超过50°时，必须更换螺栓和螺母，更换螺栓时应涂MoS_2。检查塔架底法兰与基础环法兰连接螺栓有无松动或生锈；检查塔架各段法兰之间连接螺栓有无松动或生锈；检查偏航轴承与塔架法兰连接螺栓有无松动或生锈。

7. 塔架平台

（1）下平台。检查平台的螺栓是否松动，平台是否有损坏、清洁平台；检查爬塔设备、安全绳、防坠落装置、灭火器、警告标志；测试攀登用具的功能，安全绳的张紧度，安全锁扣。

（2）塔架平台和底座内平台。检查平台的螺栓是否松动，平台是否有损坏、清洁平台。

（3）检查电缆夹板处的电缆，检查机舱接地连接是否完好，检查扭缆开关。

（4）爬梯。检查梯子是否损坏、漆面是否脱落，清洁梯子；检查梯子的焊缝是否有裂缝；检查安全绳和安全锁扣是否符合要求；检测防坠制动器的功能，在爬升不超过2m的高度通过坠落来进行测试；检查并紧固梯子连接螺栓。

（5）塔架灯和插座。检查塔架灯支架螺栓是否松动，是否有损坏，并作清洁；检查所有平台的照明灯和插座的功能；测量灯线外观，是否有破损。

（6）塔架筒体。检查塔架筒体表面是否有裂纹、变形；检查防腐和焊缝并作清洁。

（7）塔架内电缆。检查电缆固定是否有松动，是否有损坏，并作清洁；测量电缆的绝缘和电阻；测试扭缆开关的性能；扭缆不能超过3圈，如果发生扭缆开关动作，则需要解缆后检查扭缆设定。

四、偏航系统

只有在10min平均风速低于11m/s时才能够对偏航系统进行维护。

1. 偏航制动器

检查液压接头是否有泄漏，如有需进行清洁和处理，检查偏航制动器的位置。检查至少2块偏航制动器闸块的间隙，闸块间隙应2～3mm，否则需要更换。只要有一个偏航制动器闸块的间隙厚度为2mm左右时，那么所有的摩擦片都需要更换并重新进行调整。按照螺栓紧固力矩表紧固偏航制动器与偏航刹车盘的螺栓。

2. 偏航刹车盘

检查偏航刹车盘盘面是否有划痕、磨损和腐蚀现象，运行时是否有异常噪音并作记录，清洁刹车盘。偏航刹车盘是一个固定在偏航轴承上的圆环板，风机在运行过程中，有可能使油脂滴落到刹车盘上。油脂的存在会降低摩擦系数使刹车盘上有油脂的存在，在偏航过程当中会形成刹车片破坏油脂粘力造成的风机振动和噪音，对风机有很大的影响，应及时用丙酮将其擦拭干净。

3. 液压系统

（1）油位检查。通过油位观察窗检查油位，油位应在观察窗的1/2处，如果液压油位太低，必须要补加。

（2）过滤器检查。液压油过滤器上安装了一个污染指示器，如果指示出污染（红色），则必须更换过滤器。

（3）接头渗漏检查。检查所有的油管和接头是否有渗漏，如果发现有渗漏，必须要找到原因并排除。清除渗漏出的油渍。

（4）油管渗漏和脆化检查。液压系统中使用的胶管必须要检查是否有脆化和破裂。如果发现有脆化和破裂，则必须更换有问题的油管。

（5）启动和停机时的压力检查。液压系统启动和停机时的压力必须要检查。其压力值通过压力表观察。启动压力约为150bar（$1bar=10^5Pa$），停止压力为160bar。

（6）偏航余压检查。将测压表连接到偏航制动器通气帽的位置，在机组偏航时检查偏航余压（或通过电磁阀手动功能，使电磁阀手动换位后，再测量偏航余压）。偏航余压范围为20～30bar（偏航余压一般为24bar）。

（7）液压油更换。每两年对液压油进行采样化验，如不合格则必须更换液压油。将旧液压油通过放油球阀完全注入一合适的容器内，然后再从通气帽处加入新油。

4. 偏航轴承

偏航轴承采用四点接触球转盘轴承结构，在出厂时偏航轴承制造厂家已加注润滑脂，在风机上采用润滑站对偏航轴承及偏航齿面集中自动润滑。

检查偏航轴承的密封圈，擦去泄漏的油脂。按螺栓紧固力矩表紧固底座与偏航轴承之间的连接螺栓。检查偏航齿轮磨损是否均衡，必要时进行清洁。

5. 偏航减速器

偏航减速器为一个四级行星传动的齿轮箱。一般情况下，在运行期间检查是否有泄露，定期对油位进行检查和更换润滑油。

（1）偏航减速器润滑。偏航减速器采用浸油润滑，所有的传动齿轮都浸没在润滑油中。润滑油的种类为Shell Omala HD 320。不允许更换或混用其他种类的油。偏航减速器输出轴轴承采用润滑脂润滑。鉴于偏航减速器的运行特点，每隔12个月加一次润滑脂。

（2）润滑油加注及更换。偏航减速器在供货时已加好油。需要更换油时，打开放油阀的同时打开通气帽，以保证箱体内的油能比较快地流出。在温度较低的情况下，可以使偏航先运转将油温升高，这样更有利于油的流动。

（3）检查偏航减速器油位。油位必须在观察窗1/2处，如果没有达到则需要加到规定位置，第一次运行6个月后更换油品，然后每3年进行采样化验，如不合格则必须更换油品。

6. 偏航电机

偏航电机为电磁制动三相异步电动机，在三相异步电动机的基础上附加一个直流电磁铁制动器组成，电磁铁的直流励磁电源由安放在电机接线盒内的整流装置供给，制动器具有手动释放装置。

检查接地装置是否接好；检查电机接线盒中电缆的连接是否松动并紧固与偏航减速器的连接螺栓。起停偏航电机，注意运行过程和停止时的噪音，如果有异常声音要进行记录。

7. 自动润滑系统

（1）油位油量检查。检查油箱中的润滑脂油量，不足时及时添加，油脂总量约为 3kg（一年总用量约 3.5kg）。

（2）接头渗漏检查。紧固所有的接头，检查所有的油管和接头是否有渗漏现象，如果发现有渗漏，必须要找到原因并排除，清除泄漏出的油脂。

（3）油管裂纹和脆化检查。润滑系统中使用的胶管，树脂管必须要检查是否有脆化和破裂。如果发现有脆化和破裂，则必须更换有问题的油管。

（4）系统工作情况检查。检查润滑单元工作是否正常，偏航轴承、润滑小齿轮各润滑点是否出油脂。开启润滑泵，并打开几个润滑点检测是否有油脂打出，如有则系统正常。

五、底座与机舱

1. 底座

检查平台及各部件的紧固，检查防腐和裂纹，漆面是否完好，检查电缆固定；紧固定子主轴与底座法兰螺栓；检查平台与底座及骨架的连接螺栓是否松动。

2. 机舱控制柜

检查柜体固定，电缆是否有破损，紧固接线端子；检测主开关、紧急停机、锁定等功能，检查风扇、通信和电源插座的性能；检查电缆固定。

3. 机舱

检查机舱螺栓的紧固性、是否有裂缝、密封是否良好，检查天窗的密封性；检查灭火器。

4. 提升机

检查设备的状态、链条、链盒和提升机的固定支撑；检查电缆的连接；检查提升机护栏是否连接固定及电缆的连接情况。

提升机的操作步骤：必须带全身安全带并将安全绳固定在机舱内可靠的位置；提升物体时，提升机维护开关扳到“ON”状态；先打开下平台门，再打开吊物孔门，提升物体时提升机护栏应固定好，按下提升机手柄上的“ON”键，再操作“上”、“下”键，使物体提升或下落；使用完毕后，按下“OFF”键，把操作手柄放回手柄放置处；将维护开关扳到“OFF”状态，避免其在非工作时带电，以保护提升机。

如提升机出现故障需对提升机进行拆检时应先把提升机维护开关扳到“OFF”状态，切断提升机电源。

5. 风向标、风速仪

检查测风支架与机舱的固定，是否有腐蚀现象和裂缝，紧固测风支架与机舱的固定螺栓；检查风向标、风速仪的灵敏度，摆动风向标进行检查（N—指向机舱尾部，摆动并测量参数），测试加热装置；检查风向标、风速仪的信号线，温度传感器和接地电缆有无破损。

6. 断路开关

检查开关柜固定、密封及其环境的潮湿程度，是否有昆虫，是否受热过高有烧焦痕迹；检查电缆和保险。

7. 发电机电缆

检查电缆绝缘是否有破损。

8. 转子刹车

检修转子刹车之前，首先将发电机转子锁定。检查螺栓紧固。检查液压油管有无破损，接头的密封性等；检查转子刹车闸间隙，闸片至制动环的最小间隙应在2～3mm之间，复位弹簧应安装牢固；转子刹车在使用后，需定期检查闸片厚度，当闸片厚度剩2mm左右时，需要更换新的闸片；当维护完毕后，必须关闭推拉式的带安全锁扣的门。

六、发电机

只能在平均风速不大于11m/s的情况下，方可通过发电机人孔进入轮毂内。同时必须有一个熟悉控制系统的人员在机舱内。

1. 发电机定、转子

当发电机停止转动时，锁定发电机转子。检查发电机定子、转子、定子轴、转动轴的外观，检查焊缝、裂纹、损伤、防腐层，如有裂纹、损伤等破损情况应报告风电场场长，如有防腐破损应进行修补。检查完成后关好拉门。

2. 转子锁定

检查门的紧固，是否有腐蚀现象，是否能正常开启和关闭；检查发电机转子锁定装置的功能；检查门闩的移动以及手轮和连接螺栓，必要时对其进行涂脂润滑。

3. 前轴承（小轴承）后轴承（大轴承）

检查密封圈的密封性能，擦去多余油脂。每个油嘴均匀的加注油脂，加注时打开放油口。

七、叶轮部分

1. 叶片

仔细听叶片运转过程中所发出的噪音，出现非正常的噪音需对叶片进行仔细检查。因叶片内部脱落的聚氨酯小颗粒所产生“沙拉沙拉”的声音，这是正常的，但一般仅在叶片缓慢运转时可以听得到。按照螺栓紧固力矩表紧固叶片与轮毂连接螺栓。注意：进入叶片内部检查时，必须锁定变桨锁!

2. 轮毂

检查轮毂外观，铸件有没有裂纹，如果发现裂纹，应立即向值长汇报。检查防腐层有没有破损，如果发现有破损和生锈的部分，除去锈斑并补做防腐。按照螺栓紧固力矩表紧固变桨控制支架与轮毂的连接螺栓、轮毂与变桨轴承的连接螺栓、轮毂与转动轴的连接螺栓，如果发现有损坏和拉长的螺栓，则必须更换。

3. 变桨轴承

变桨轴承采用四点接触球转盘轴承结构。轴承在运行其间必须保持足够的润滑。特别是长时期停止运转的前后要加足新的润滑脂，变桨轴承滚道润滑。用手动黄油枪在加油嘴加注润滑脂，直到有旧油脂从排油嘴被挤出。检查变桨轴承的密封圈，擦去泄漏的油脂，密封带和密封系统至少每12个月检查一次，密封带必须保持没有灰尘，当清洗部件时，应避免清洁剂接触密封带或进入轨道系统。检查变桨轴承防腐层是否脱落、破坏。按照螺栓紧固力矩表紧固变桨轴承与叶片连接螺栓。

4. 齿形带

检查齿形带是否有损坏现象和裂缝，检查齿形带的齿，检查张紧程度，清洁；使用张力测量仪WF－MT2测量齿形带的振动频率；紧固调节滑板和齿形带压板的螺栓。

5. 变桨控制柜

检查变桨控制支架连接螺栓和所有附件连接螺栓是否松动，如有松动，紧固；检查变桨控制柜是否有破损、裂纹、焊缝开裂等现象；检查与变桨控制柜相连的电缆，接头是否牢固，是否磨损；检查叶片限位开关，检查风扇。

6. 变桨驱动支架

按照螺栓紧固力矩表紧固变桨驱动支架与轮毂连接螺栓；检查变桨驱动支架与变桨减速器连接螺栓和变桨减速器附件连接螺栓。

7. 张紧轮

检查张紧轮是否有破损、裂缝、腐蚀和密封；检查油脂，擦去多余的油脂；检查张紧轮与齿形带轮的平行，检查齿形带与张紧轮的垂直。（在叶片顺桨位置和工作位置分别检查）

8. 导流罩及舱门

检查导流罩外观，查看导流罩、梯步表面有无裂纹，损坏，检查导流罩与发电机密封间隙情况；检查导流罩前、后支架有无裂纹、损坏和漆面情况。检查导流罩、导流罩的前后支架的螺栓连接。

八、水冷系统

水冷却系统由水泵装置、压力罐、压力传感器、加热器、水/风冷却装置、铜热电阻、温控阀等组成。整个系统的动力单元，由电机和水泵组成。水泵出口设有铜热电阻PT100，用于检测冷却水的温度并根据此温度通过电气系统控制电加热器的起停、控制水/风冷却器的电机工作或停止。水泵工作后，冷却水经变频器、水/风冷却器组成冷却水循环回路。当冷却水温度升（降）到一定值时，水/风冷却器（加热器）启动；当水温降（升）到一定值时，水/风冷却器（加热器）停止。

水泵出口设有压力罐，预充氮气压力为1.5bar，作用相当于隔膜式蓄能器，正常情况下通过压力罐把压力能转化成弹性势能储存起来并维持泵出口压力的稳定。当泵出口压力出现波动时，压力罐释放或储存能量参与系统的调节。

泵出口设有压力传感器，用于实时检测水泵出口冷却介质的压力值；同样的在变频器出口另设有压力传感器，用于实时检测变频器出口的冷却介质压力值。

水泵进口处设有温控阀，当水温低于 25℃ 时，冷却水不经过冷却器循环回路，直接回到水泵；当水温高于25℃时，温控阀芯开始动作，随着温度的逐步上升开始逐步导通水/风冷却器循环回路，使得其中一部分水直接回水泵，另一部分水则进入水/风冷却器进行循环；随着温度的升高，通过水/风冷却器的流量逐渐增加，直接回水泵的流量逐渐减少；直至最后冷却介质全部通过水/风冷却器进行循环。

水泵出口设有排气阀，当系统中存在气体时，排气阀会自动排空气体；还设有安全阀，当冷却水压力超过设定值3bar时，安全阀动作，用以维持系统压力的稳定。

九、巡视时间

1. 正常巡视时间

对全所设备交接班前应巡视一次；每天定点巡视四次；每天晚上点应重点检查主控室屏内各指示灯是否正常；每周要闭灯巡视一次；每年将断路器机构箱内加热器投入运行，次年将断路器机构箱内加热器退出运行（天气情况发生变化时，为保证断路器可靠运行，可以提前或滞后），且每天点检查其运行状况，并记录结果；每月对变电所内设备接点温度进行测试，并记录；每周对避雷器动作次数记录一次；每日对所内避雷器泄漏电流记录一次；每日对安全用具和防火重点部位进行检查并记录，巡视检查应按规定路线进行，以保证设备巡视到位。

2. 新投入运行和大修后投入运行的设备巡视周期

变压器投入运行24h内每小时巡视一次；其他电气设备投入运行24h内每2h巡视一次。开关运行24～72h内，每4h巡视一次。

3. 应进行特殊巡视的情况

（1）雷雨前检查室外开关机构箱、端子箱门是否关好。雷雨过后重点检查设备瓷件有无放电烧伤痕迹，避雷器放电计数器动作情况，开关及电缆沟积水情况，设备基础有无下沉，构架是否倾斜，开关室是否漏雨。

（2）大风天重点检查导线摆动情况，观察相间及对地有无放电危险，设备引线有无断股现象，避雷器有无倾斜，各设备上部有无挂落物、周围有无杂物可能被卷到设备上去，各箱门是否关好。

（3）雪天重点检查设备接点处积雪有无溶化现象，有无闪络放电现象，积雪很快溶化说明设备过热，要用红外线测温仪进行监测，还要检查设备覆冰及设备有无放电痕迹。

（4）雾天重点检查室外设备套管和瓷瓶有无放电现象。

（5）气温较高或较低时应重点检查充油设备油位、油温、导线弛度、设备引线紧固受力情况。

（6）设备过负荷或负荷增长较快时，例如，风机满发时，重点检查设备温度是否过高以及各接点有无发热现象；必要时用红外线测温仪进行监测。

（7）新投入设备或大修后投入的设备，重点检查各部位接点有无发热，设备温升是否正常，变压器散热器有无偏冷现象以及厂家或技术负责人要求检查的其他事项。

第三章　风机的运行操作

TS2000 电力仿真实训室由北京科东电力仿真有限公司承建。仿真对象主要参照大唐赤峰东山风电场。东山风电场为示范项目，由东山一期（58×V52—850kW LT 型风电机组）、东山二期（25×V80/2MW）、玻力克一期（25×V80/2MW）、玻力克二期（25×V80/2MW）和大碾子一期项目（25×V80/2MW）组成。东山风电场共安装了维斯塔斯风机共 158 台，总装机容量 25 万 kW，是全国最大的陆上风电场之一，目前运行较为成熟。

一、仿真风机设备说明

公司名称：Vestas Wind Systems A/S。

产品型号：Vestas V80 / 2.0MW。

额定功率：2000 kW。

转子直径：80m。

叶片数目：3。

轮毂高度（大约）：78m。

扫风面积：5027m^2。

切入风速：4m/s。

额定风速（2000kW）：15m/s。

切出风速：25m/s。

额定转速：16.7r/min。

运行范围：9～19r/min。

运行数据：50Hz/60 Hz，690V。

功率调节：变桨距 OptiTip®/异步发电机 OptiSpeed®。

空气制动：通过三个独立的桨距执行机构调节的 全叶片桨距。

发电机：异步发电机 OptiSpeed®。

行星齿轮/平行轴齿轮。

控制类型：微处理器监控所有风机功能，备选远程监控。

产品图片：如图 3-1 所示 V80/2.0MW 风机。

图 3-1　V80/2.0MW 风机

二、仿真风机结构简介

以 VestasV80/2MW 机组为例，VestasV80/2MW 的风机结构如图 3-2 所示。

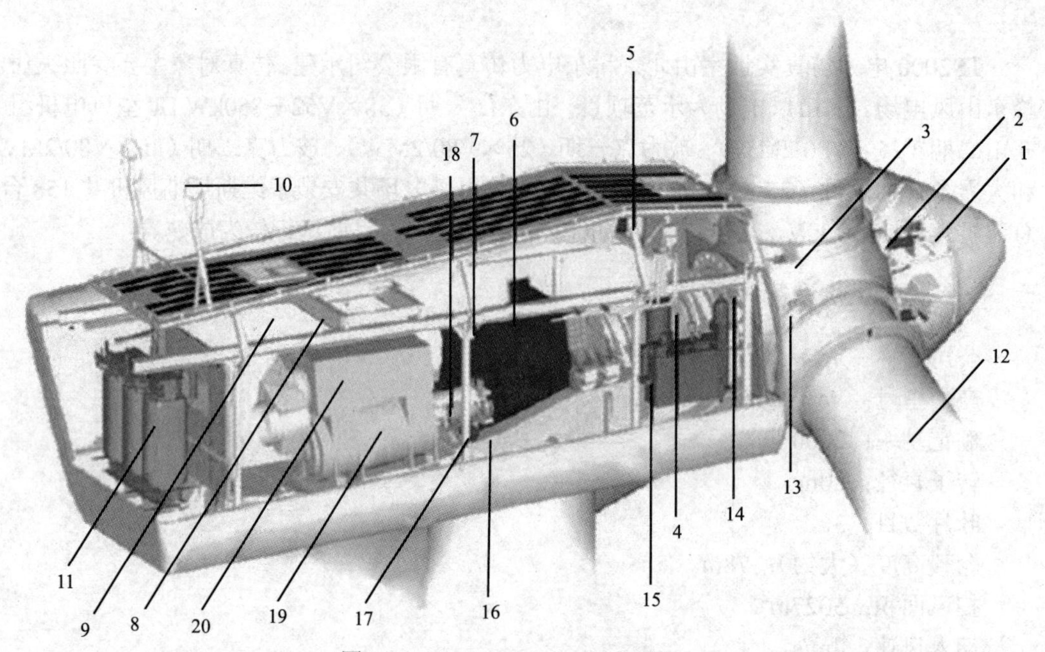

图 3-2　VestasV80/2MW 风机结构

1—轮毂控制器；2—变桨执行机构；3—叶片轮毂；4—主轴；5—油冷器；6—齿轮箱；7—盘式机械制动器；8—维修用吊车；9—带变频器的 VMP（维斯塔斯多处理器）塔顶控制器；10—超声波传感器；11—高压变压器（6～33kW）；12—叶片；13—叶片轴承；14—转子锁定系统；15—液压控制单元；16—机舱底座；17—偏航齿轮；18—复合型对轮；19—OptiSpeed®发电机；20—发电机空冷器

第一节　风机的启动和停运

一、启动和停运说明

1. 风电机组正常启动前应具备的条件

（1）电源相序正确，三相电压平衡，符合国家相关规定。

（2）偏航、变桨系统处于正常状态，风速仪和风向标处于正常运行的状态。

（3）制动和控制系统的液压装置的油压和油位在规定范围。

（4）各项保护装置均在正确投入位置，且保护定值均与批准设定的值相符。

（5）控制电源处于接通位置。

（6）中央监控计算机电源及通信系统正常且显示处于正常运行状态。

（7）手动启动前叶轮上应无结冰现象。

（8）在寒冷和潮湿气候时，对于长期停用和新投运的风电机组在投入运行前应检查绝缘，合格后才允许启动。

（9）经维修的风电机组在启动前，所有为检修而设立的各种安全措施应已拆除。

2. 运行状态的说明

风机的当前状态可从风电场服务器或远程监控系统上查看。对每种状态发生的条件和次数都有记录和说明。

运行状态有：初始化；待机；启动；并网；停机、紧急停机。

（1）初始化状态只在 PLC 掉电后发生，PLC 系统重新启动 ，运行系统从初始化开始进行系统检查，如有故障，进入“停机”状态，如无故障，进入“待机”状态。

（2）待机是无故障时风力发电机组慢速运转无功率输出的状态。叶片在顺桨位置，叶轮自由空转。

（3）启动是从待机到风机运行的状态。满足启动的条件是达到启动风速，风机无故障，叶轮处于可运转状态。操作启动按钮后，叶片被调整到预设的角度，如此时风轮的转速达到某一值并持续一段时间，变桨系统将使叶片的桨距角变桨到一设定角度，此角度根据不同风区而定，叶轮转速将会增加，进入增速状态。增速状态是风机从启动到进入并网发电的过渡过程，叶轮的转速不断增加。达到某一转速后，风机并网，进入发电运行。

（4）并网是指风机在发电状态运行。通过调整发电机输出、叶片桨距角和变桨系统，控制系统使风机保持在较优的运行状态。本机组是全天候自动运行的设备，整个运行过程都处于严密的监控之中。它能根据外部条件的变化自动做出反应，控制系统从外部获取所有的信息（风速，风向等），并从传感器获取有关的风机数据（功率，速度等），根据这些信息，系统调整风机的运行，保证风机一直在优化的、安全的环境里运行。在运行系统中有不同的逻辑状态，状态的选择取决于外部条件、风机运行的工况和系统自身的状况。

（5）停机分为正常停机、快速停机和紧急停机，风机根据不同的情况选择不同的停机方式，停机时叶片被调整到顺桨的位置，叶轮降速，叶轮转速降到 4.5r/min 时，变流器脱网，风机进入“停机”状态。一旦发生故障，停机使风机进入安全运行状态，通过安全系统，叶轮的转速能很快地降低。当停机过程结束后，风机进入“停机”状态，只有将故障消除后，才能退出该状态。

正常停机的几种原因：风速过高，伴随强阵风，10min 后系统判断是否重启；零部件过热，温度降低后自动重启；环境温度低于−30℃，温度回升后自动重启；液压系统故障，不自动重启；理论和实际的功率曲线偏差太大，不自动重启；逆变系统故障，不自动重启；扭缆，解缆后，自动重启；偏航系统故障，根据不同的故障，系统判断是否重启；速度检测故障（无紧急停机速度），自动重启。

3. 自动运行的说明

本机组是全天候自动运行的设备，整个运行过程都处于严密的监控之中。它能根据外部条件的变化自动做出反应，控制系统从外部获取所有的信息（风速，风向等），并从传感器获取有关的风机数据（功率，速度等），根据这些信息，系统调整风机的运行，保证风机一直在优化的、安全的环境里运行。在运行系统中有不同的逻辑状态，状态的选择取决于外部条件、风机运行的工况和系统自身的状况。

4. 风电机组的操作方式

（1）中央监控室操作。在主控室操作计算机启动或停机。

（2）就地操作。在风电机组的现场主控柜进行启动、停机，在顶舱、塔底实现“手动按钮”停机。

本节将在中央监控室进行启动、停运操作具体操作情况做以下介绍。

二、仿真风机的启动和停运操作

（一）仿真风机单独模式启动步骤

1. 启动教员端

双击桌面上的快捷方式“教员端.exe”或双击“D:\教员系统”目录下“教员端.exe”，启动后界面如图 3-3 所示。

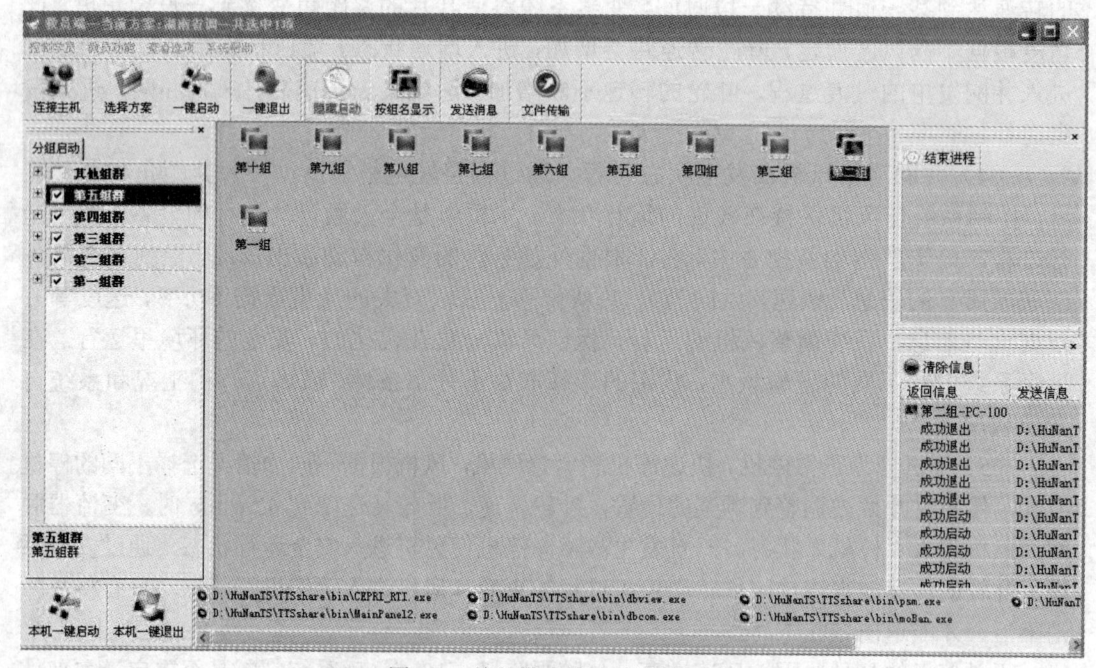

图 3-3　单独模式的教员端界面

2. 启动教员的电网程序

单击图 3-3 所示界面左下角的“本机一键启动”按钮，就可以启动教员电网程序的“dbview”、“dbcom”、“psm”和“教员画面”，电网程序启动图标如图 3-4 所示。

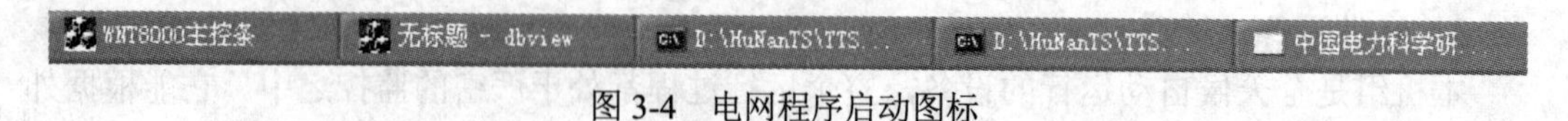

图 3-4　电网程序启动图标

3. 学生机连接教员主机

双击“教员端”上的“1”，如果连接“1”成功，则会高亮显示，启动高亮显示界面如图 3-5 所示。

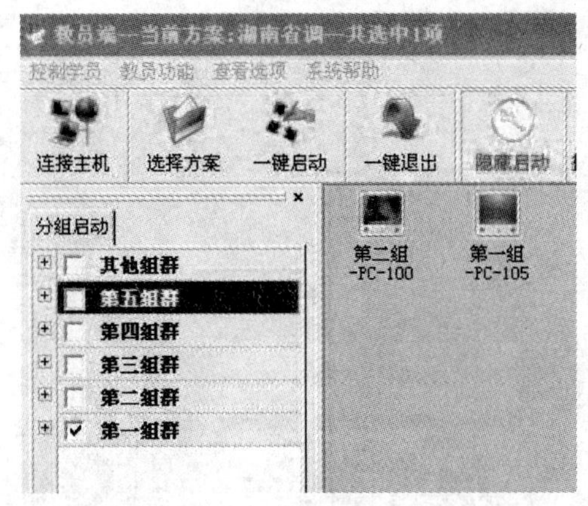

图 3-5　启动高亮显示界面

4．仿真培训风机的启动

选中想要启动的学生机后，单击图 3-3 所示界面“一键启动”按钮便可以使学生机启动仿真程序，一键启动学生机仿真程序如图 3-6 所示。

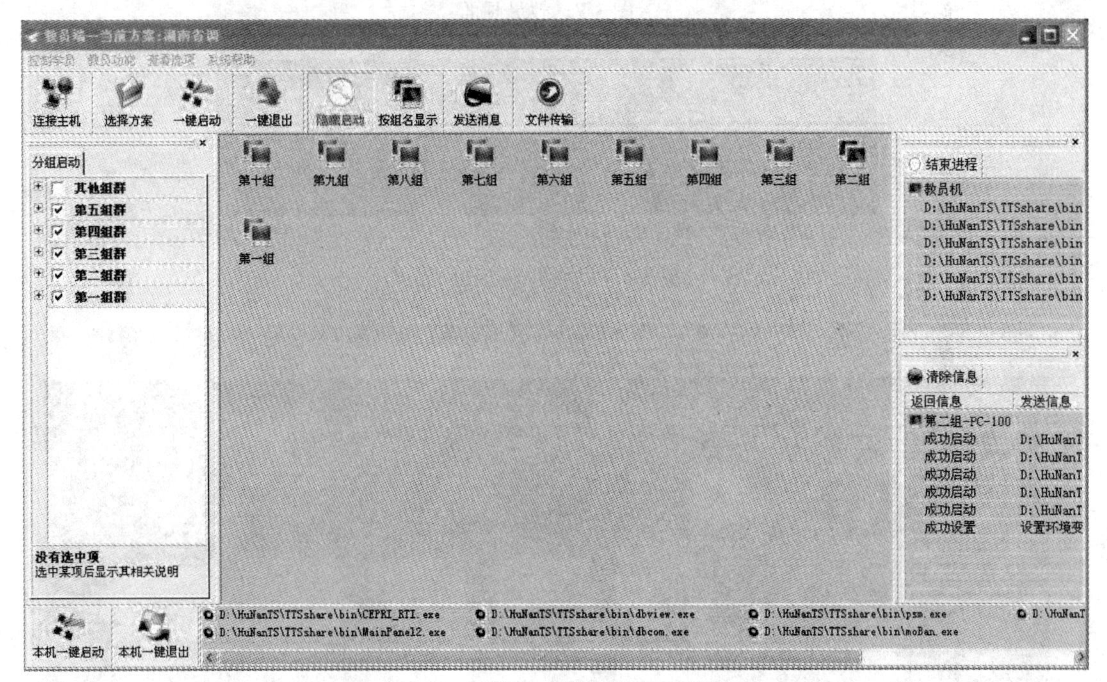

图 3-6　一键启动学生机仿真程序

5．潮流发送

在教员画面上，单击如图 3-7 所示“教员画面”主菜单上的“培训模式启动”按钮，选择接受命令的服务器。

等到状态栏上显示如图 3-8 所示“启动事故处理画面”的“启动事故处理”，而主菜单画面也跳转到如图 3-9 所示“仿真风机主画面”后，整个仿真培训系统就启动完毕，可以从仿真风机主画面进入各厂站图，开展培训。

中国电力科学研究院(4weet-pc99:0)
文件(F) 画面显示 系统操作 工况及统计 仿真选项 帮助(H)
湖南省调度实训基地电网仿真培训系统
启动模式
培训模式启动
分析模式启动
训练控制
训练暂停
恢复初态
训练继续
重演开始
训练停止
重演停止
其他操作
事件记录
图表索引
工况选择
典型方式
存储柜
实时数据
就绪
仿真时间: 0000.00 启动训练：首先发送“恢复初态”命令、然后 [101]电网仿真培训系统

图 3-7 教员画面

图 3-8 启动事故处理画面

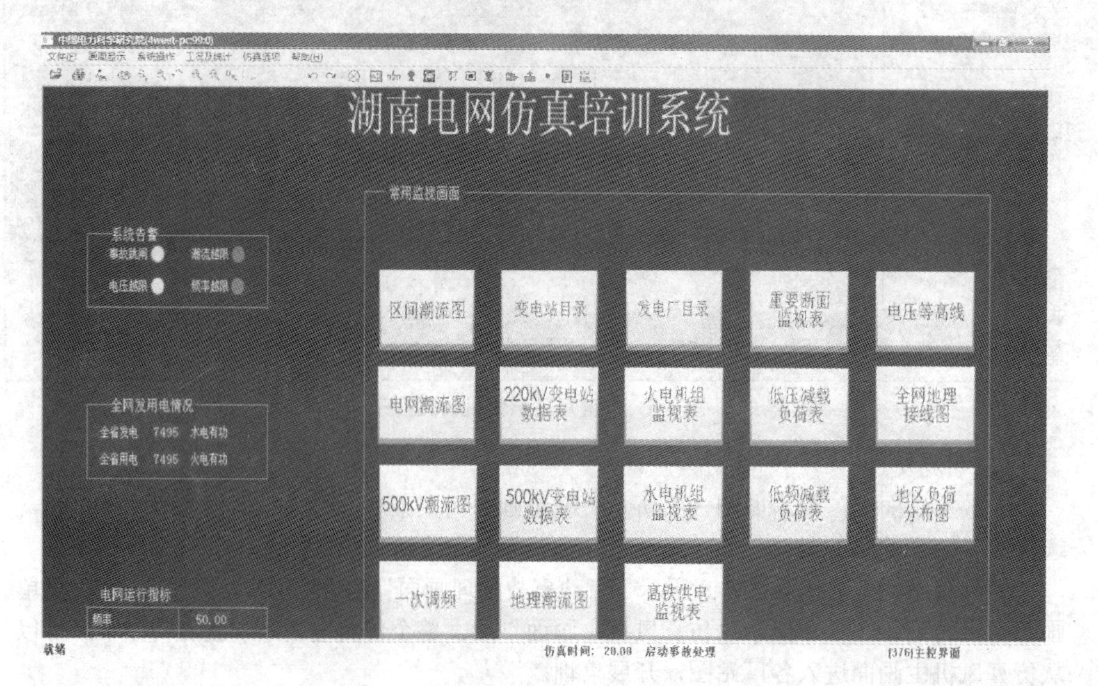

图 3-9 仿真风机主画面

（二）培训结束之后退出本培训系统的操作方法

（1）选中想要退出培训的学生机，然后单击“一键退出”即可，退回仿真风机主画面，如图 3-9 所示。

（2）单击图 3-10 中的“一键退出”按钮，选择“3”，即可将教员机上仿真程序关闭。或单击图 3-11 中的“本机一键退出”按钮，也可将教员机上仿真程序关闭。

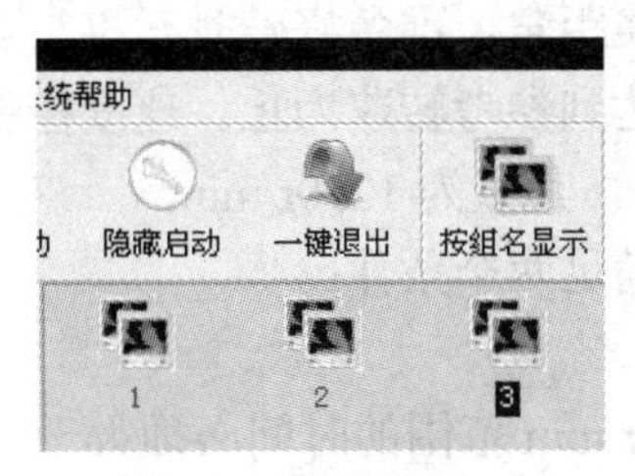

图 3-10 一键退出 3

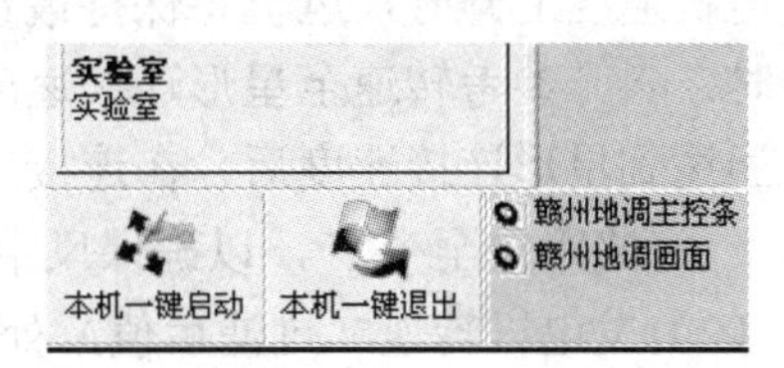

图 3-11 本机一键退出

如果学员电脑需要关机，只需选中要关闭的学生机后，在“控制学员”画面中单击“远程关机”按钮即可（此功能对运行教员端程序的本机无效），如图 3-12 所示。

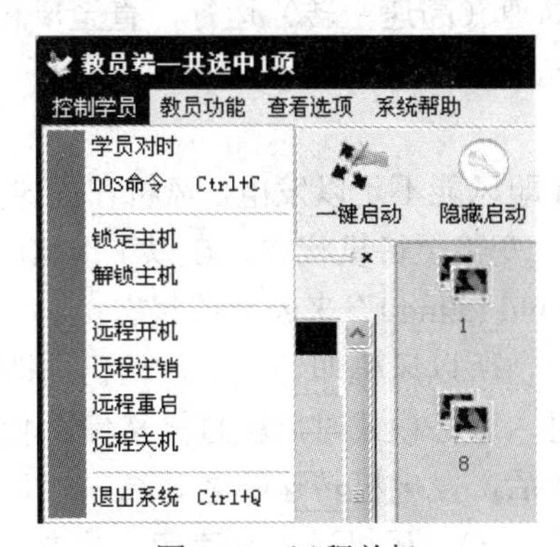

图 3-12 远程关机

三、启动和停机策略

（一）启动策略

在开机（PAUSE→RUN）、正常关机（RUN→PAUSE）期间或者当风速低于切入风速时，风机断开发电机运转，也就是说不发电。在这种情况下，使用一台速度控制器来控制风机转速，如图 3-13 所示。

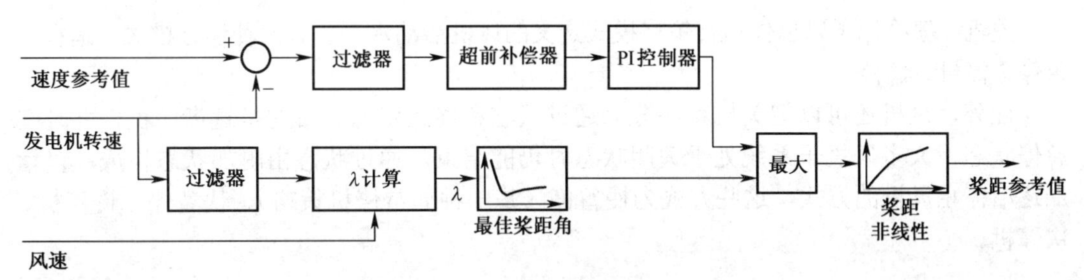

图 3-13 发电机断开时速度控制

控制器是传统的串联超前补偿器，带有一台 PI 控制器，后接非线性桨距，用来减少桨距增加带来的增益。控制器为非线性空气动力特性提供补偿。高速空转启动策略和低速空转启动策略两种策略都使用上述速度控制器。该 V80 风机上，开机测量从高速空转变为低速空转策略。

1. 高速空转启动策略

当无风时，风机根据 Lambda Optitip 函数保持最佳桨距角，准备好随时开机。当风速和发电机速度上升时，风机将保持最佳的桨距角，直到达到参考转速为止。速度控制器最开始时，斜升参考转速至星形连接速度；对于 50Hz 电网，其值为 1250r/min。

当达到星形连接速度后，在连接过程开始前，必须满足两个条件：

（1）桨距角至少 3°，以确保风中有足够的能量。

（2）发电机转速（过滤后值）处于连接速度的±15r/min 范围的时间必须大于 1s。

如果风较强，致使桨距角在星形连接速度下大于 14°，在变频器内连接过程开始前，参考转速将被斜升至三角连接速度即 1450r/min，当发电机连到电网后，以 50kW/s 的速度上升，直到达到最佳功率水平为止。根据高速空转启动策略，风机以这样的方式控制，在实际风力条件下以可能的最高速（高速空转）运行，直至风机达到器连接速度，在 50Hz 风机上，发电机转速是 1250r/min。

2. 低速空转启动策略

当风速低于切入风速，亦即风能不足以发电，风机在固定桨距（36°位置）进行低速空转或以固定变桨速度（3.5°/s）变桨至待机状态，在以下 VMP 总（Overview）画面的状态行用文字“低风空转（Low wind idling）”来表示该状态。

风机总要历经该待机状态，所以风机即使高速启动仍立即发出低速空转的信号。可通过进入服务模式跳过待机，进入服务模式时风机直接从停机状态转为升速运转状态。

当风速升至切入风速以上后，发电机转速随之升高。一旦该转速超过一定限值或如果转速超过一个较高限值（500r/min），风机进入升速运行状态。

当风机进入升速运行状态时，会把直流链充电指令发给变频器，从而在风机将与电网同步时给直流链充电。

在升速运行状态，速度参考值从实际速度渐升为升速运行状态的最大速度即发电机转速是 1450r/min，其速度增长率为 40r/min/s。

一旦风机转速超过固定值 1190r/min，则开始与电网同步（在连接状态），风机达到同步之后开始转为发电状态，向电网供电。

（二）关机策略

关机程序降低了以总体运行策略模式定义的风机活动水平。有四种运行模式：运行、暂停、停机、急停。

此外，风机还可以把关机程序分为通过状态和终止状态。目的是逐渐关机，并且在急停状态，大多风机子系统处于关闭状态时仍能结束。通过状态由附加状态构成，以增加逐渐停止风机的方式，这些方式为慢暂停（是一种通常停机策略）、快暂停、慢停机、快停机。

第二节　风机本体设备及操作

一、叶片

风轮由三个玻璃纤维增强叶片通过双滚道四点接触球轴承与刚性轮毂相连构成。

叶片通过螺栓与变桨轴承内环相连。由变桨电机和多级行星减速箱组成的变桨驱动装置，可以调节叶片桨角，实现功率控制和气动刹车。正常运行条件下，变桨装置由电网供电。在断网和紧急情况下，则由独立配给每个叶片的蓄电池组供电。部分载荷运行区内，叶片桨角固定在 0° 附近。机组功率控制为风轮转速—发电机扭矩控制机制，实现最大限度地获取风能。额定功率运行区内，随着风速的增加，桨角从 0° 逐渐向 90° 方向调节，减少风功率的获取，使得发电机功率恒定。短时阵风来临时，由扭矩调节和变桨调节共同动作，减少风轮转速的增幅，提高风机电功率的平滑程度。

轮毂法兰面的开孔直径较大，工作人员可以直接从机舱内看到轮毂转动情况，在风轮被锁定的情况下，维护人员可以从机舱，通过这个孔直接进入轮毂内部维护。轮毂内的任何损坏部件都可以轻易从这个孔取出更换。当人员在轮毂受伤时，此孔可以容许两人同时通过，将伤员抬出。

二、齿轮箱的监控

1. 齿轮箱功能和原理

V80/2.0MW 齿轮箱主要由行星齿轮箱（环形齿轮、行星齿轮和中心小齿轮）和两个两级平行轴齿轮箱组成。这种行星齿轮与平行轴齿轮箱的组合 1990 年曾用于标准风机中，齿轮比和功率容量很大。

2. 齿轮比

齿轮箱作为传动系统，将风轮转速转化为发电机必要转速。齿轮比取决于每个齿轮的齿数，并随风机机型的不同而不同，如海上型、陆上型，50Hz 或 60Hz 电网频率的风机。

V80 风机齿轮比在 92∶1～120∶1 之间变化。

3. 在风机里的装配

主轴由位于齿轮箱和风轮之间的两个主轴承支撑。齿轮箱通过齿轮箱里的一根中空轴（输入轴）装在主轴后端，上面装着一个收缩盘把主轴和中空轴夹在一起。

齿轮箱壳通过两个带橡皮零件的柔性扭矩臂柔软固定在主梁上。扭矩臂装在行星齿轮每一侧。在齿轮箱的输出轴上，一个刹车盘通过复合联轴节和法兰装在一起，它们再用法兰和发电机连接在一起。

刹车盘用于制动刹车，例如在对齿轮箱内部零件进行维修检查时会用到。但仍然和紧急停机一同激活。当掉网时刹车盘也会激活。

齿轮箱和发电机之间的联轴节为“软性”零件，运行时可以在齿轮箱和发电机之间独立传递来自相对小的动作的扭矩。

4. 监控齿轮箱

按照设计，齿轮箱的轴承和齿轮通过压入和喷入油进行润滑。把机动泵和高速轴直接连接，压入油进行润滑。

泵压力侧和过滤器及冷却系统相连，从而使油得到过滤和冷却，过滤和冷却过的油被导入齿轮箱内不同润滑点。

关于功能描述欲知详情请参考《电气运行和维护手册》。齿轮箱和润滑系统的运行状况由表 3-1 中的传感器监控。

表 3-1 传感器监控

监控	报警极限	风机反应
油箱温度	>80℃	暂停
高速钢（HSS）止推轴承温度	>90℃	暂停
润滑压力	<0.5 bar	暂停
过滤器压差	>3.3 bar	警告
齿轮油位开关	<最低油位	暂停

注 1. 温度监控始终处于激活状态。
2. 润滑油压监控只在转速高于同步发电机转速的 75%时激活。
3. 过滤器监控只在油箱温度高于 40℃时激活。
4. 油位监控只在油箱温度高于 50℃时激活。

三、变桨距调节

1. 功能与原理

（1）功能。把桨叶根据风速、动力和控制策略调整到合适变桨位置。同时还用作初级刹车系统，在暂停（PAUSE）、停机（STOP）和急停（EMERGENCY）时把桨叶变桨为 90°。

（2）原理。为每个桨叶配备的液压缸（附带线性换能器）装在风轮轮毂前面，通过桨叶轴承上的加强板与桨叶连接。从机舱液压动力单元，通过主齿轮箱、主轴和液压旋转接头，向液压缸提供液压动力。

装在风轮轮毂里的 4 个液压蓄压器确保电网发生故障 3 个桨叶全顺桨（90°）时仍有充足的动力。

2. 运行调节

V80/2.0MW 风机变桨距系统在正常运行条件下，可以根据风速和风机带负荷的情况进行自动调节，无需运行人员手动进行调节。

3. 就地检查和调整桨角

初装或停机检修时应调整桨叶桨叶生产厂供应的叶片其翼尖弦（TC）设置在 1°以下。用 TC 工具 VT190865 调整桨叶。在调整桨叶之前，并保证在允许公差范围以内。把要调整的桨叶变桨到 0°，检查怎样把 TC 标记与工具上的 TC 标记（中间线）相对应，如图 3-14 所示。

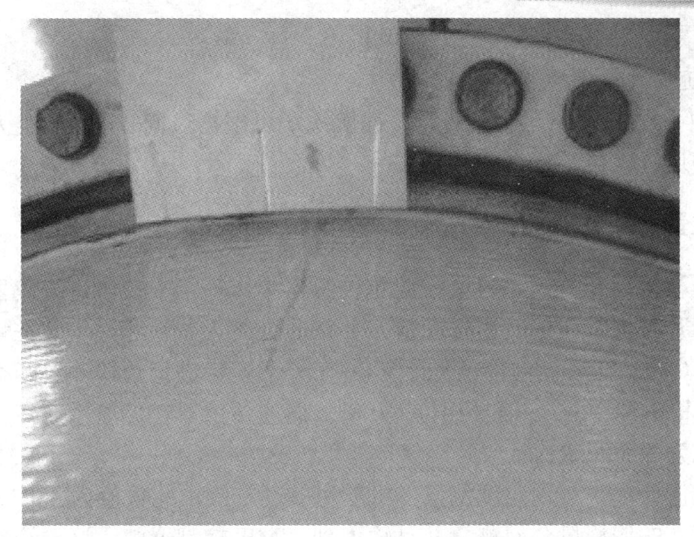

图 3-14 TC 标记与 TC 工具的标记相对应

四、偏航系统的运行

1. 偏航系统功能

（1）保证风机在 RUN 和 PAUSE 模式时逆风。

（2）控制电缆绞扭情况，必要时进行电缆解缆操作。

（3）测量机舱位置。

机舱安装在偏航盘的上面，偏航盘则固定在塔筒上。通过 2 个（V52）或 4 个（V66/V80）偏航齿轮实现偏航。偏航齿轮和偏航环互相啮合。偏航电机是有刹车的同步电机，这在部件列表中会提到。VMP 控制器从传感器上得到有关风向的信息（超声波风速风向仪同时测量风速和风向）。在风速低于 2.5m/s 时，自动偏航功能不起作用。

偏航行为是被监视的，如果风机持续偏航超过大概一圈，风机的活动等级降为 STOP。

在风机偏航时，悬挂在机舱上的电缆会扭曲，发生绞缆。VMP 控制器从偏航传感器得到关于绞缆的信息。偏航传感器直接在与偏航环啮合的小齿轮上进行测量。

2. 偏航传感器

偏航传感器上有 4 个凸轮，它们可与 4 个微型开关连接或断开。它们一起共同测量绞缆的次数。偏航传感器还内置了一个用来测量机舱位置的装置。传感器 S102 是常开接触（0=不动作），在传感器动作时，（1=动作），表示电缆顺时针绞缆 1.8～3.8 圈。传感器 S103 是常开接触（0=不动作），在传感器动作时，（1=动作），表示电缆逆时针绞缆 1.8～3.8 圈。传感器 S104 是常闭接触（绞缆停止），在传感器动作时，（0=不动作），电缆绞缆顺时针或逆时针大概 3.8 圈，这会引起偏航停止。信号 S105（偏航脉冲）每改变大概 150°，VMP 控制器用这个信号检查偏航系统。

如果电缆逆时针或顺时针绞缆大概 3.8 圈，风机的运行模式会降为 PAUSE，并且自动解缆功能。如果电缆绞缆在 1.8～3.8 圈之间，风机只在不发电的时候自动解缆。在顺时针绞缆 1.8 圈和逆时针绞缆 1.8 圈范围内，风机自由偏航，不会自动解缆。可以通过手动偏航风机测试自动解缆。在达到偏航停止（S104 不动作）时，风机自动开始解缆，必须解除风机的 SERVICE 模式，因为在该模式下，风机不会自动解缆。

3. 偏航系统的运行调整

V80/2.0MW 风力机正常运行条件下，偏航系统可根据风向、风量变化及负荷情况进行自动调节，无需运行人员手动调整。

五、机舱位置

步进编码器和接近开关一起内置在偏航传感器中，基于来自步进编码器的信号计算机舱位置。该接近开关安装在偏航钳杆左前方并在此处终止。它通过安装在塔筒顶部的一个小金属板动作。（V52 在塔筒内部，V66/V80 在外部）步进记录器输出两个数字信号，分别是 NACPos1 和 NACPos2，信号相位差 90°。感应传感器在偏航系统每转一圈时复位脉冲计数，信号称为 NacPosReset。

用计数器数值计算来实现角度测量（机舱每转动一圈，此数值为 360°）。在风机启动，风机方向与正北方的偏移量会被测量并且输入到 VMP 控制器中。这样给出了一个以度计的实际机舱位置（正北=0°）。这个结果用来计算绝对风向。在上传软件/冷重启后，控制器无法获知机舱位置。为确定机舱位置，风机将开始偏航一整圈或偏航至复位 NacPosReset 位置。如果在一整圈范围内没有 NacPosReset，会发来警告并且风机开始逆风偏航。

在未定义机舱位置时，风扇区管理和降噪管理系统将只在规定时间运行。在风机完全启动之前并且风机运行状态为暂停或非服务状态时，将不会执行自动搜索复位开关。

六、自动润滑系统

自动润滑系统包括主轴承与偏航轴承润滑系统和变桨轴承润滑系统（主轴承与偏航轴承润滑泵、变桨轴承润滑泵、主分配器、次分配器、润滑小齿轮、润滑管路、电线）。主要用于偏航轴承滚道及齿面、主轴承滚道、变桨轴承滚道及齿面润滑。采用主轴承和偏航轴承集成润滑；变桨轴承和小齿轮集成润滑。

七、制动和刹车系统

制动和刹车系统包括气动刹车系统（叶轮）和机械刹车系统（轮毂制动器、液压锁紧销），机组的主刹车系统为气动刹车系统，采用叶片顺桨实现空气制动，降低风轮转速，即使一个叶片变桨失效或者两个叶片变桨同时失效，气动刹车系统都能提供足够的制动力矩使机组在安全下空转，然后用机械刹车停机。

八、防护

风力发电机组是全天候自动运行的设备，整个运行过程都处于严密控制之中。其安全保护系统分三层结构：计算机系统，独立于计算机的安全链，器件本身的保护措施。在机组发生超常振动、过速、电网异常、出现极限风速等故障时保护机组。

对于电流、功率保护，采用两套相互独立的保护机构，诸如电网电压过高，风速过大等不正常状态出现后，电控系统会在系统恢复正常后自动复位，机组重新启动。

为了保证运行人员的安全和风电场持续无故障运行，机组提供一套完整的联锁和安全装置，保护运行和维护人员，避免机械和电气设备的损害。在启动和关闭风电场运行以及启停设备的所有部件时，保证其处于完好状态。同时还包括在启动和关闭各设备时顺序控制的正确性。

所有的联锁和安全装置均为有设防的运行，不会干扰运行中的正确回路。风力发电机组有防止振动、过速和电气过负荷的安全系统。

为了制动系统的维护工作，制动系统具有锁定叶片位置的装置。即轮毂刹车系统包括一个手动液压刹车装置，进入叶轮实施维护、检查工作前，检修人员启动手动泵手柄，插入液压锁紧销将转子锁住，使风机处于锁定状态。

九、控制系统

风机功率控制主要依靠变桨距伺服控制系统和一部发电机的控制，频率主要依靠风机齿轮变速调节和变频器共同控制。

1. 总体控制配置

图 3-15 所示整体控制配置为 Vestas OptiSpeed TM 控制系统的简要方案。控制功能被分成三个区，即主控制器、变桨装置和功率控制器/变频器。

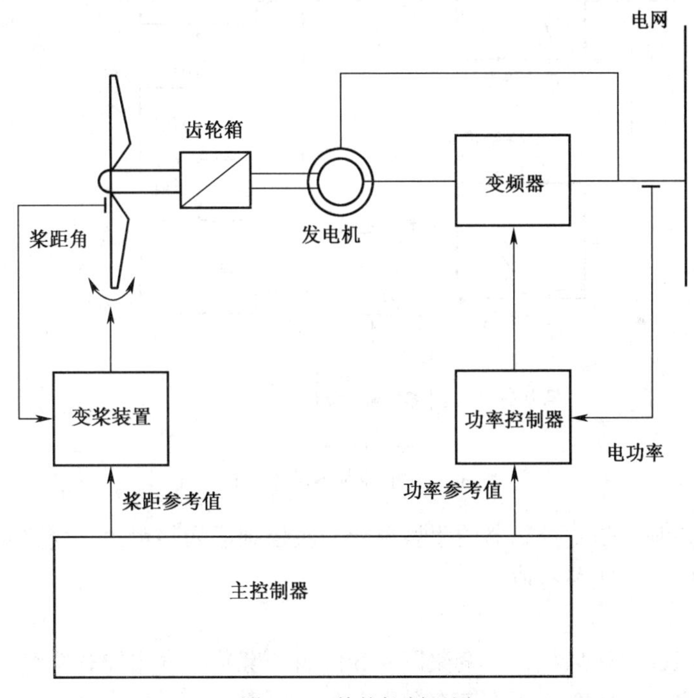

图 3-15　整体控制配置

2. 主控制器

主控制器管理全部控制功能。

主控制器包括所有控制回路和大多数监督运算法则。其任务是确保风机在任何时候都能满足以下性能要求：

（1）发出最多的电。

（2）根据设计极限值限制机械载荷。

（3）限制噪音。

（4）保持优质电功。

图 3-16 所示主控制器基本结构显示主控制器的总方框图以及最基本的功能。在左边，有两个方框，分别为 OptiSpeed 和 OptiTip，用来计算最佳转速和桨距角设定点，两者都依赖于风速和当前的降噪程度。最佳设定点被定义为工作点，在这一工作点，风机产生最大的电功率，同时使噪声保持在允许水平以下。右侧方框负责控制风机至规定的设定点，同时确保电功率不超过功率需量。如果风速增大超过一定水平，桨距角将增大并超过最佳设定点。在默认状态下，即当需求功率等于额定功率时，这一风速被称作额定风速；当风速低于额定风速时，风机无法达到额定功率。在这种情况下，开关逻辑将激活部分载荷控制器，确保风机以最佳的效率发电。如果风速超过额定风速，满载控制器将被启用，使功率不超过额定功率。

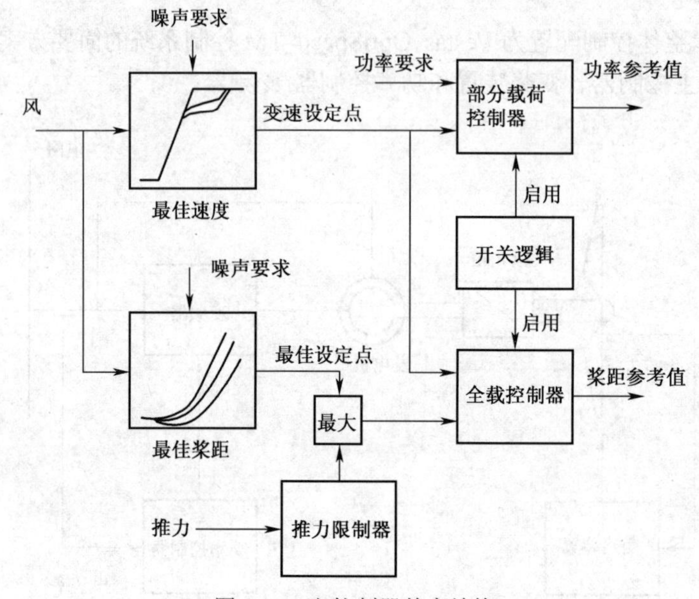

图 3-16　主控制器基本结构

变桨和功率控制器是主控制器的附属单元。主控制器为桨距角（变桨参考值）和发电功率（功率参考值）生成参考值。

3. 变桨装置

Vestas OptiSpeed TM 风机为每套桨距系统配备一套桨距伺服控制系统（V52 机组有一套桨距伺服控制系统，V80 机组有三套桨距伺服控制系统，分别为 A、B 和 C 相）。因为这些风机上的位置传感器只传送位置信息，所以变桨速度确定按前两个桨距位置的差与时间的比来计算。根据风机的工作状况，采用了两台不同的活塞位置控制器。满载操作时，风机使用了一台快速反应活塞位置控制器，以确保对发电机速度的控制。变桨距控制器还采用了桨距润滑运动功能，旨在通过频繁的桨距系统运动来保护变桨执行机构中的油膜和叶片轴承。只有当风机在部分载荷下长期处于暂停状态时，才采取桨距润滑运动。

4. 功率控制器/变频器

风轮变频器系统即功率控制器以发电机风轮电路中的一个变频器为基础。该变频器能够在不影响功率可控性的前提下改变发电机的速度，改变范围为同步速度的+30%～－50%。

变频器内的功率控制器从 VMP 控制器收到一项功率参考值，并通过一个快速电流控制回路保持这一功率水平。

变桨控制器的任务是将桨距角调到参考值，同时确保足够快的动态性能。在电气方面，功率控制器根据功率参考值调节发送到电网的电功率。

另外，控制系统包含一个推力限制器，用来限制作用在风轮和塔架上的空气动力学推力。

第三节　风机的监控

一、风机基本信息的掌握

（一）通过视图界面对风机状态行进了解

1. 主界面介绍及切换

主界面从上至下，分别是标题栏、菜单栏、工具栏、风机信息显示区、注释栏，如图 3-17 所示。

图 3-17　主界面页面

工具栏中显示系统中部分功能的快捷方式，分别为图形、列表界面切换、风机控制、历史故障信息、功率曲线、趋势图、系统帮助、注销、退出。

注释栏从左至右依次为风电场名称、当前日期时间、当前使用系统用户、平均风速、总发电量。

界面方式切换有两种，可以实现在图形、形表界面之间进行切换：

方法 1：单击工具栏中的界面、列表界面切换按钮，反复单击可在两种界面之间进行切换。

方法 2：打开“视图”菜单，选择“图形、列表界面”项，反复单击可在两种界面之间进行切换，如图 3-18 所示。

图 3-18 图形、列表界面设置

2. 风机状态了解

在视图界面如图 3-19 所示图形界面显示了风机的状态。

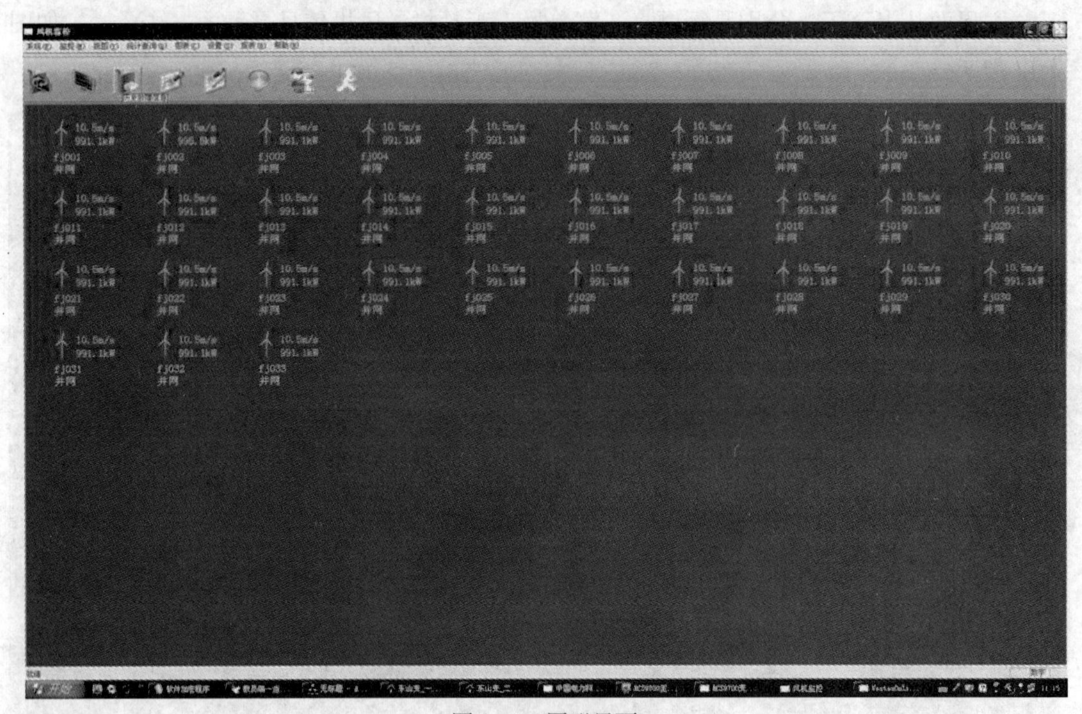

图 3-19 图形界面

红色风机：表示风机有故障（初始状态，当风机通信连接未收到有效数据时）。

白色风机：表示风机运行正常。

黄色风机信息：系统正在刷新数据。

风机下带×符号：表示此风机未收到有效数据（即风机通信中断）。

风机显示信息包括：风机号、风机的状态、风速、功率。

双击风机图标，进入该风机的信息显示窗口，如图 3-20 风机信息显示。

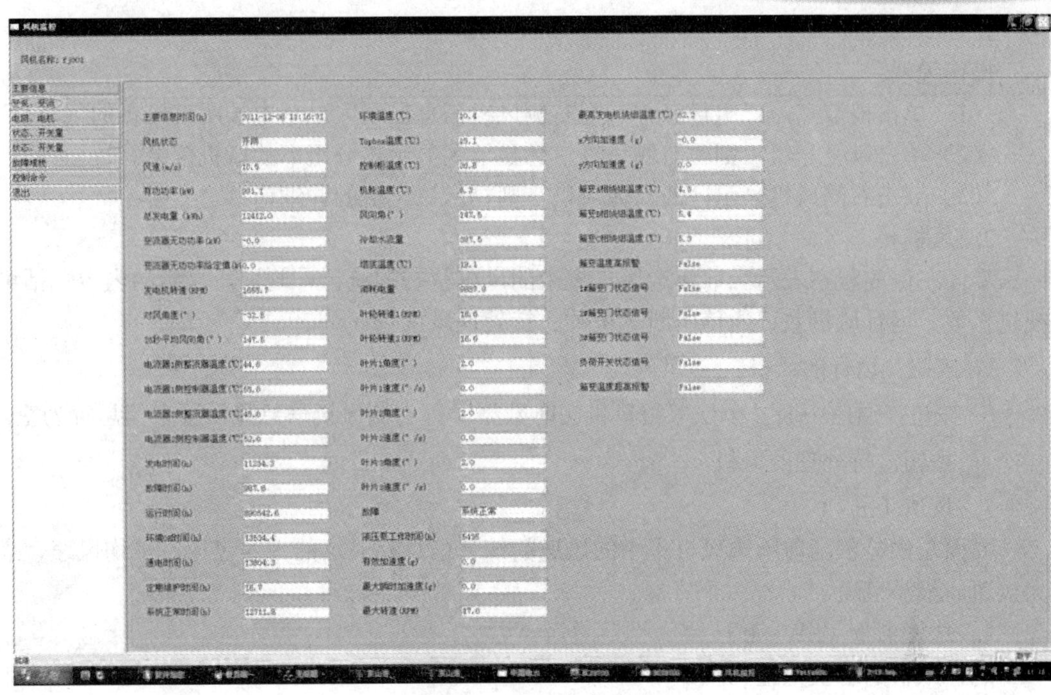

图 3-20　风机信息显示

（二）通过列表界面对风机状态进行了解

下面以如图 3-21 所示列表界面进行说明。

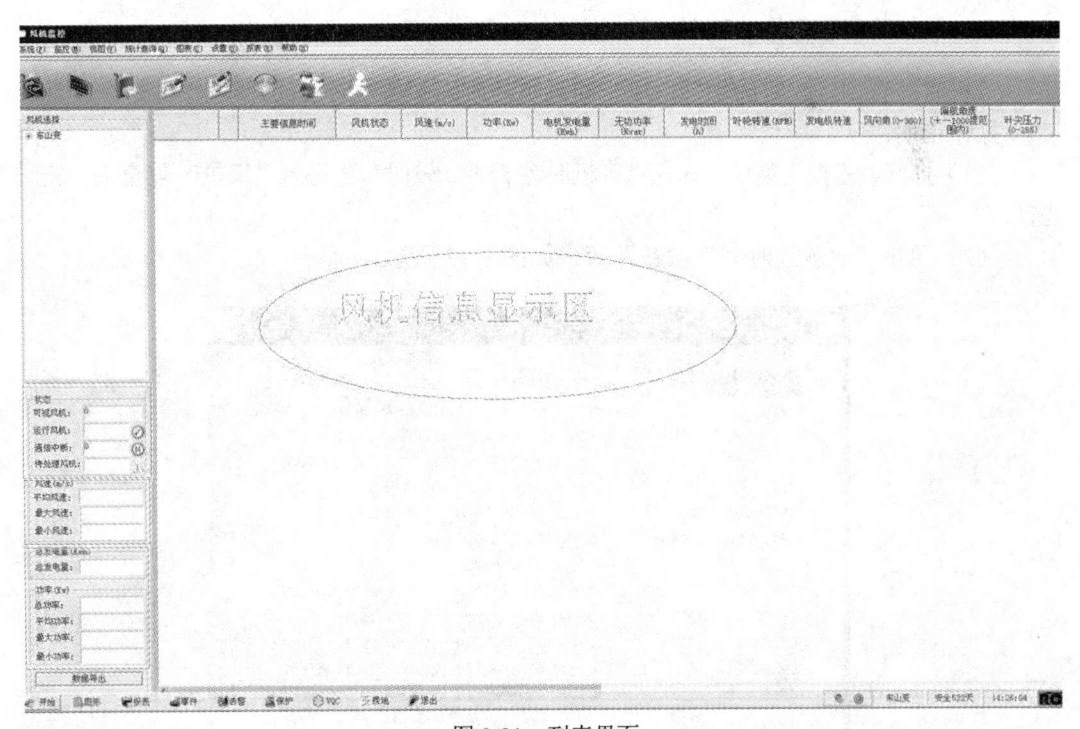

图 3-21　列表界面

1. 风机选择

操作说明：

（1）单击根节点，即电场名称，则右侧风机信息显示区显示电场所有风机的信息。

（2）单击风机分组，则在右侧风机信息显示区显示该分组下的风机信息。

（3）双击右侧风机显示区的具体风机，则显示该风机的详细信息。

2. 风机状态

界面左侧的状态表示当前所选风机集中的风机状态的统计、判别，显示的内容包括可视风机数、运行风机数、通信中断风机数、待处理风机数。

按钮：运行的风机。

按钮：通信中断，无法取得风机实时数据时，右侧风机信息显示区中信息行为空。

按钮：待处理的风机。

3. 风速（m/s）

界面左侧显示当前所选风机集中的风速的统计信息，显示的内容包括：平均风速、最大风速、最小风速。

4. 总发电量（kW · h）

统计风机的总发电量的统计。

5. 功率（kW）

界面左侧显示风机集中的功率、计算结果，显示的内容包括总功率、平均功率、最大功率、最小功率。

二、风机的时差查询、较时

风机时差查询、较时的功能，用来查询就地时间和就地时差的。

操作说明：

（1）打开“监控”菜单，选择“风机时差查询、较时”， 进入“风机时差查询、较时”窗口。

（2）单击“取就地时间”按钮即可，如图 3-22 所示。

风机时差查询、较时

风机编号	风机名称	时差	就地时间
GW150003	J03	00:00:00.5625000	2008-8-29 10:57:32
GW150004	J04	-00:00:00.4375000	2008-8-29 10:57:33
GW150005	J05	-00:00:00.4218750	2008-8-29 10:57:33
GW150006	J06	00:00:00.5781250	2008-8-29 10:57:32
GW150007	J07	00:00:00.5781250	2008-8-29 10:57:32
GW150008	J08	00:00:00.5937500	2008-8-29 10:57:32
GW150009	J09	00:00:00.5937500	2008-8-29 10:57:32
GW150010	J10	-00:00:00.4062500	2008-8-29 10:57:33
GW150011	J11	00:00:00.5937500	2008-8-29 10:57:32
GW150012	J12	00:00:00.5937500	2008-8-29 10:57:32
GW150013	J13	00:00:00.6093750	2008-8-29 10:57:32
GW150014	J14	00:00:01.6093750	2008-8-29 10:57:31
GW150015	J15	00:00:01.6093750	2008-8-29 10:57:31
GW150029	J29	00:00:00.6718750	2008-8-29 10:57:32

图 3-22　风机时差查询、较时窗口

三、风机监控

1. 多台风机监控

多台风机监控可以对同种协议的多台风机进行发送控制命令。当自然环境出现大的变化时，可以使用此功能针对同种多台风机进行统一命令的发送。

操作说明：

（1）打开“监控”菜单，选择“风机监控”，进入“风机监控”窗口。

（2）单击协议下拉列表，选择需要发送命令的风机协议类型，则在下方列表框中即显示出符合所选协议的风机列表。

（3）选择需要发送命令的风机，可以多选，也可选择一台，如图 3-23 所示风机监控窗口。

图 3-23　“风机监控”窗口

（4）单击右侧相应的控制命令，在弹出的确认信息框中，单击“确定”按钮即可。

2. 单台风机监控

单台风机监控的功能是能够对单台风机的信息、变桨变流、电网电机、状态开关量、故障文件等信息进行监控。

操作说明：

（1）在系统主窗口中，双击要进行监控的风机的图标，进入单台风机信息页面，如图 3-20 所示单台风机信息。

（2）主要信息：显示选定风机的主要状态信息，并可进一步进入风机的各项具体参数的查询及设置功能。主要信息中显示了选定风机的状态、风速、有功功率、总发电量等信息量。

（3）单击“变桨、变流”按钮，进入变桨、变流信息页面。显示的变桨变流相关信息量包括变流器扭矩给定值、变流器网侧电流、变桨电容温度等信息，如图 3-24 所示。

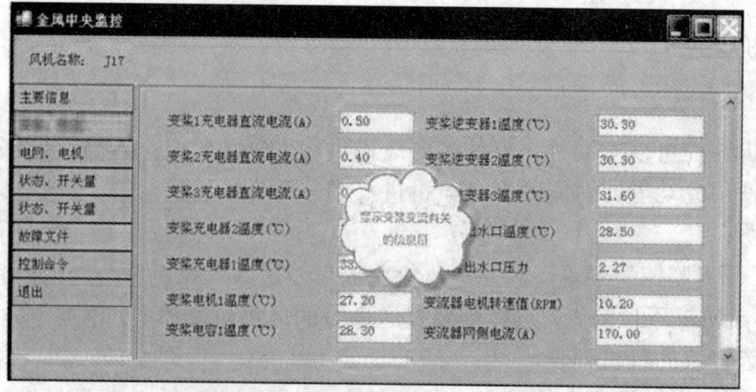

图3-24 “变桨、变流”信息页面

（4）单击“电网、电机”按钮，进入电网、电机信息页面。显示的电网、电机的相关信息量包括电网功率因数、电网频率、发电机气隙等信息量，如图3-25所示。

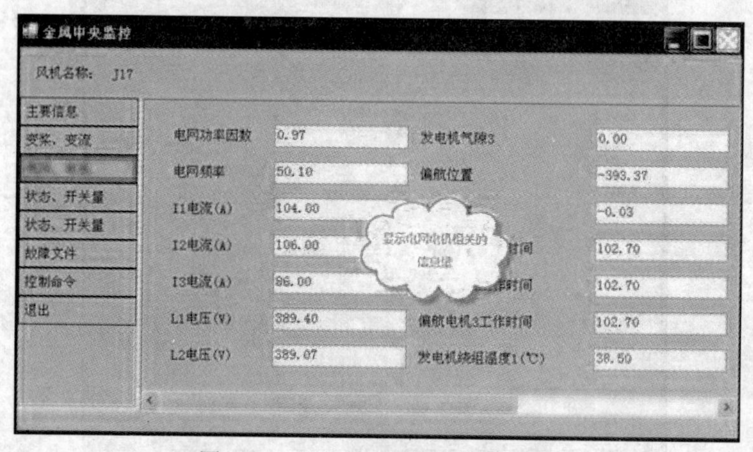

图3-25 “电网、电机”信息页面

（5）单击“状态、开关量”按钮，进入状态、开关量信息页面。显示的变桨变流的状态、开关量信息，如图3-26所示。

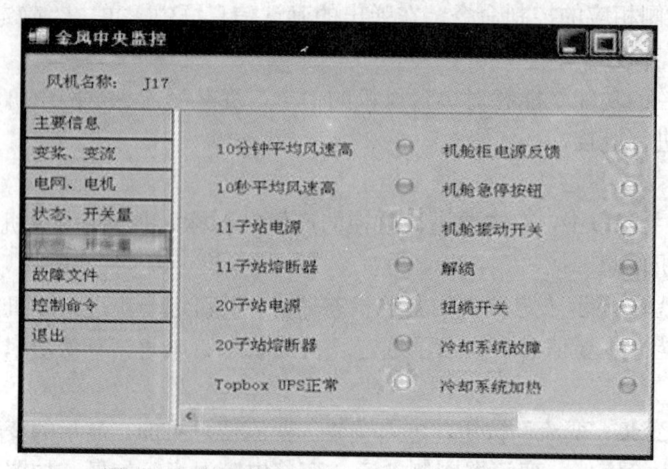

图3-26 变桨变流“状态、开关量”信息页面

（6）单击“状态、开关量”按钮，进入状态、开关量信息页面。显示 10min 平均风速高、冷却系统故障、正常停机、主柜 UPS 正常等信息的状态开关量，如图 3-26 所示。

（7）单击“故障文件”按钮，进入故障文件信息页面。显示单台风机的故障文件信息，如图 3-27 所示。

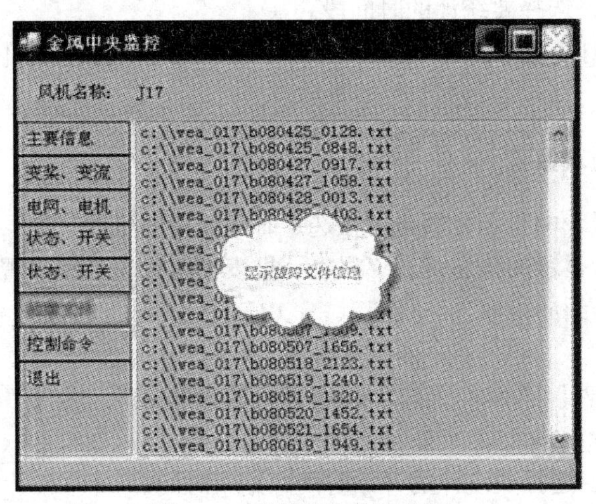

图 3-27　“故障文件”页面

（8）单击“控制命令”按钮，进入控制命令信息页面。显示选定风机的各控制命令。此功能可察看风机的各控制命令，并使用控制命令进行风机控制操作，如图 3-28 所示。

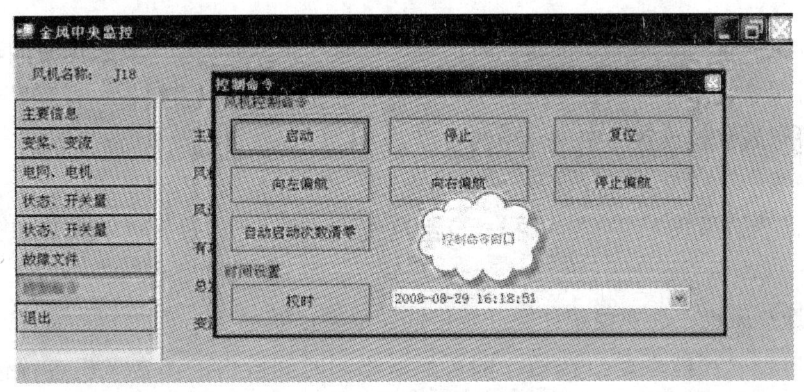

图 3-28　“控制命令”窗口

在控制命令窗口，可以单击需要操作的风机控制命令，即可发送风机控制命令。

注意：控制命令窗口的命令需要谨慎操作！

（9）单击“退出”按钮，退出单台风机信息窗口。

第四节　报 表 的 操 作

一、单台风机日报表

单台风机日报表中显示风机在选定时段内的平均风速、平均功率、发电量等信息，其中报表中所显示的信息是在“报表－报表模板设置”里设置的，具体操作见“报表模板设置”中所介绍的内容。

操作说明：

（1）打开“报表”菜单，选择“单台风机日报表”，进入“单台风机日报表”窗口。

（2）选择风机，选择要统计的时间段。

（3）单击“统计”按钮，即可显示风机在选定的时间段内风机各项值的日累计统计结果。

二、分组风机时段报表

分组风机时段报表中显示分组风机在选定时间段内的平均风速、平均功率、发电量等信息，其中报表中所显示的信息是在“报表－报表模板设置”里设置的，具体操作见“报表模板设置”中所介绍的内容。

操作说明：

（1）打开“报表”菜单，选择“分组风机时段报表”，进入“分组风机时段报表”窗口。

（2）选择风机，选择要统计的开始时间、结束时间。

（3）单击“产能查询”按钮，即可显示不同时段内的多台风机各项参数的累计统计结果。

三、分组风机统计报表

分组风机统计报表中显示多台风机在选定日期内的风速、功率、通电时间、总发电量等信息的各项统计，其中报表中所显示的信息是在“报表－报表模板设置”里设置的，具体操作见“报表模板设置”中所介绍的内容。

操作说明：

（1）打开“报表”菜单，选择“分组风机统计报表”，进入“分组风机统计报表”窗口。

（2）选择风机，选择要统计的开始日期、结束日期。

（3）单击“产能查询”按钮，即可显示不同时间段内的多台风机各项值的累计统计结果。

四、报表模板设计

单台风机日报表、分组风机时段报表、分组风机统计报表中显示哪些统计量，都是在报表模板设计中设定的。

操作说明：

（1）打开“报表”菜单，选择“报表模板设计”，进入“报表模板设计”窗口。

（2）选择协议，从左侧列表中选择要显示的统计量。

（3）单击“保存”按钮，在报表里即可以显示相应的统计量。

第五节　视图及设置操作

一、视图的操作

1. 图形、列表界面

图形、列表界面的功能是切换图形主界面与列表详细信息界面。图形界面直观地显示了风机的当前状态、风速、功率、故障信息；而列表界面则更加详细的统计了风机的各种主要的相关量。

操作说明：打开“视图”菜单，选择“图形、列表界面”；反复单击此选项，主界面中风机信息显示方式在图形与列表界面之间进行切换。

2. 风机排布

风机排布的功能是定义风机图标在主界面上的显示位置。

操作说明：

（1）打开“视图”菜单，选择“风机排布”，弹出“风机排布”窗口，如图 3-29 所示。

（2）界面图标含义说明。

按钮：手动调整风机位置，将鼠标移动到要调整位置的风机上，当鼠标变成小手的形状时，将风机拖动到相应的位置即可。

按钮：可在手动调整风机坐标完毕后，将其调整后结果存储起来。

按钮：可在手动调整风机后撤销其调整结果，将风机排列坐标恢复原状。

按钮：设置风机排布间距后，单击此按钮，则风机按设置的间距排列。

（3）单击“>>”按钮，可展开“全场风机微调”内容，如图 3-30 所示。

（4）输入 *X*、*Y* 坐标，单击“执行”按钮，全场风机按照设置的 *X*、*Y* 轴坐标位置进行移动。

（5）单击图 3-34 中的“>>”按钮，可展开风机坐标轴显示内容，如图 3-31 所示。

图 3-29　单台风机手动调整窗口

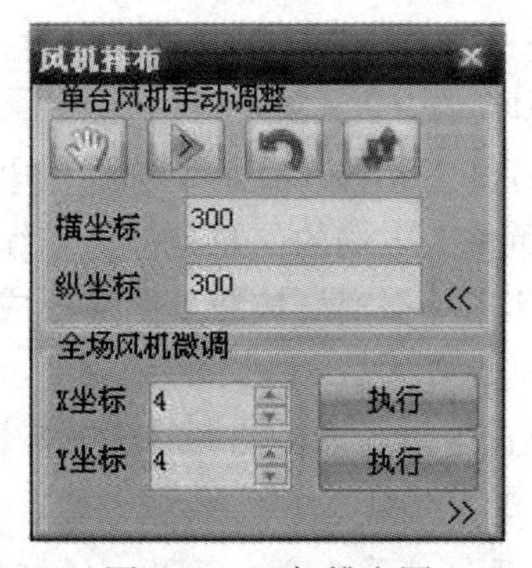

图 3-30　风机排布图

（6）用户可在此出现列表中单击输入相应的风机坐标轴值，输入完毕后单击“提交”按钮提交即可。

3. 工具栏

工具栏是在系统界面上显示部分功能的快捷方式，方便用户使用，可以设置显示工具栏，也可设置隐藏工具栏。

操作说明：打开“视图”菜单，选择“工具栏”，打勾表示显示，否则为隐藏，如图 3-32 所示。

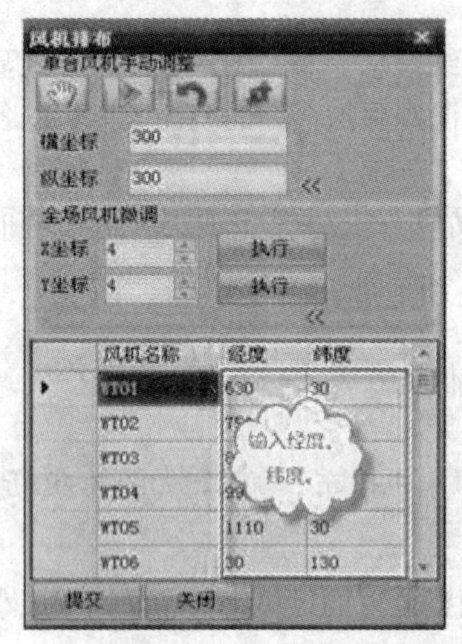

图 3-31 风机排布图

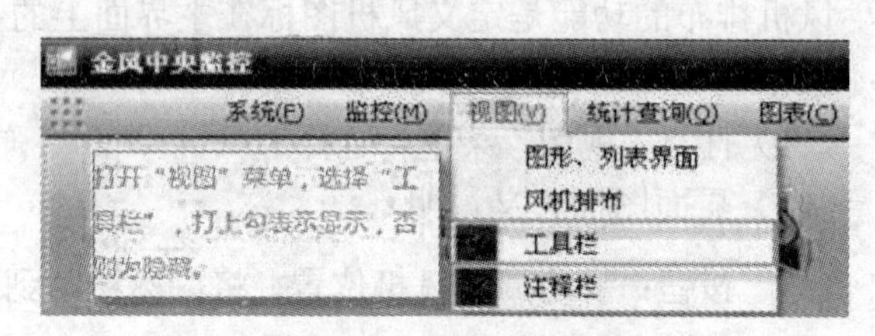

图 3-32 工具栏设置图

4. 注释栏

注释栏是在系统界面最下面显示电场名称、时间、当前登录用户、电场平均风速、总功率、总发电量的信息，方便用户查看，注释栏可以设置显示，也可以设置隐藏。

操作说明：打开“视图”菜单，选择“注释栏”，打勾表示显示，否则为隐藏，如图 3-32 所示。

二、设置的操作

1. 风电场设置

在电场设置中显示风场的基本信息，如风场编号、风场名称、风场地址等基本信息。

操作说明：

（1）打开“设置”菜单，选择“电场设置”，进入“电场设置”窗口。

（2）可修改电场的信息，但风场编号不允许修改。

（3）单击“提交”按钮，即修改成功。

2. 风机设置

风机设置中显示风机的编号、屏幕位置、协议类型、风机控制 id 等保证系统正常运行的风机基本配置信息。

注意：风机设置为系统设置，任何改动后都需重新启动系统才能生效。

（1）新增风机操作说明。

1）打开“设置”菜单，选择“风机设置”，进入“风机设置”窗口，选择“风机信息设置”标签。

2）输入风机信息，在输入的过程中请注意每行输入框后面的提示信息。

3）单击“添加”按钮，即可完成操作。

（2）修改风机操作说明。

1）打开“设置”菜单，选择“风机设置”，进入“风机设置”窗口，选择“风机信息记录集”标签，如图 3-33 所示。

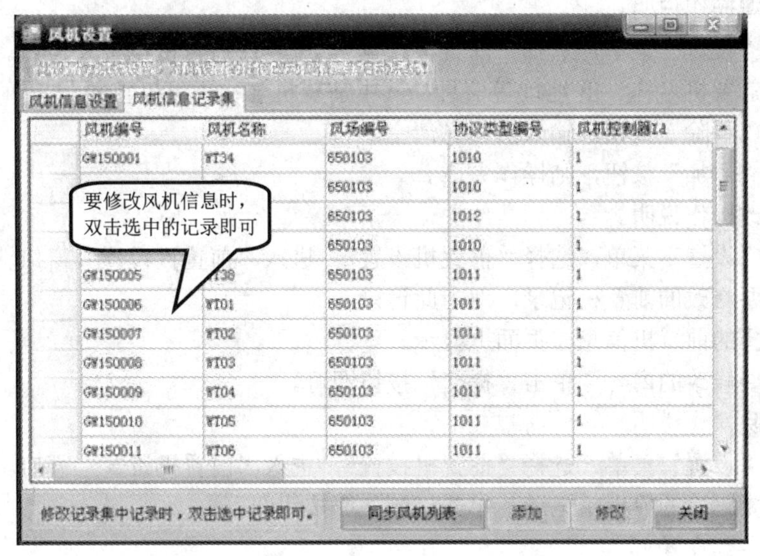

图 3-33　风机信息记录集

2）选择要修改的风机信息，双击选中的记录，页面进行该风机的信息设置页面，如图 3-34 所示。

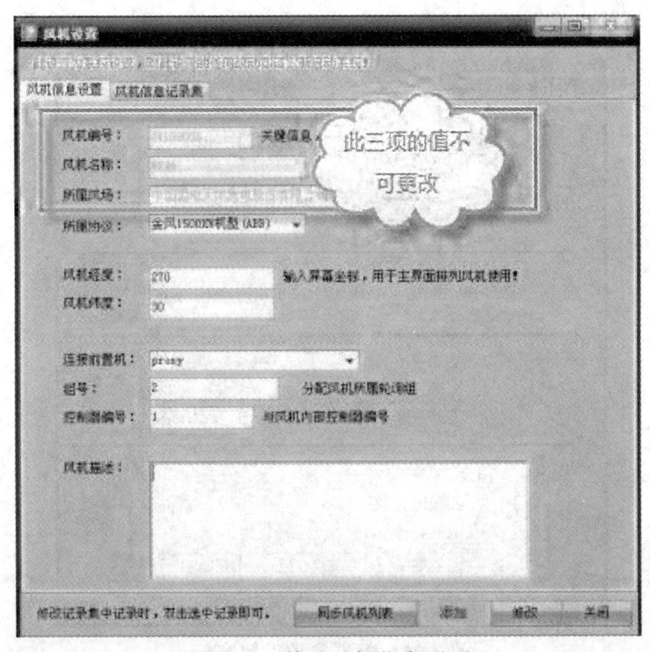

图 3-34　修改风机信息页面

3）风机编号、风机名称、所属电场这三项的值不能更改。

4）修改后，单击“修改”按钮，即可修改成功。

3. 前置机设置

在前置机设置窗口中显示前置机设置的基本信息。

注意：前置机设置为系统设置，任何改动后都需重新启动系统才能生效。

（1）新增操作说明。

1）打开“设置”菜单，选择“前置机设置”，进入“前置机设置”窗口。

2）输入前置机名称、IP 地址等信息，其中前置机名称不可以重复。

3）单击“清除”按钮，输入的信息清空。

4）单击“添加”按钮，则操作完成。

（2）修改操作说明。

1）打开“设置”菜单，选择“前置机设置”，进入“前置机设置”窗口。

2）选择要修改的前置机记录，双击此记录。

3）所选择的前置机信息在页面上显示。

4）输入要修改的内容，单击“提交”按钮即可。

（3）删除操作说明。

1）打开“设置”菜单，选择“前置机设置”，进入“前置机设置”窗口。

2）选择要删除的前置机记录，单击“删除”按钮即可。

4. 报警参数设置

在报警参数设置中可以设置报警方式和报警声音。

操作说明：

（1）打开“设置”菜单，选择“报警参数设置”，进入“报警参数设置”窗口，如图 3-35 所示。

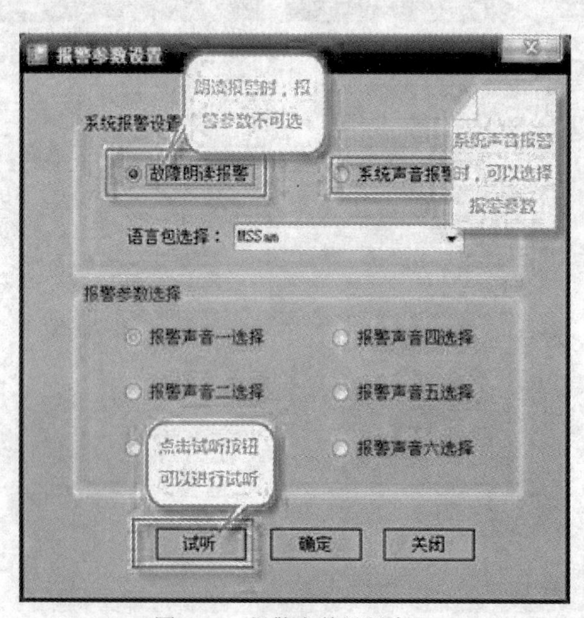

图 3-35 报警参数设置窗口

（2）选择报警方式和报警声音，如果选择“故障朗读报警”，则选择语言包即可；如果选择“系统声音报警”则可以在报警参数选择里选择报警声音，单击“试听”按钮，可以进行视听。

（3）单击“确定”按钮，则操作完成。

5. 系统连接参数设置

在系统连接参数设置中，可以设置数据库连接信息，如数据库 IP 地址、数据库名称、登录用户名和密码信息。

操作说明：

（1）打开“设置”菜单，选择“系统连接参数设置”，进入“系统连接参数设置”窗口，如图 3-36 所示。

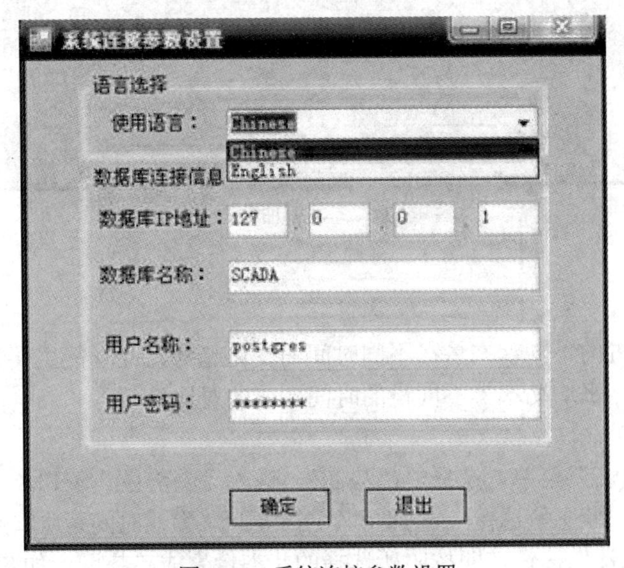

图 3-36 系统连接参数设置

（2）选择使用语言，输入数据库 IP 地址，数据库名称， 登录用户名和密码信息。

（3）单击“确定”按钮即可。

第六节 功率趋势图的操作

一、功率曲线图

功率曲线图显示风机运行过程中功率与风速的对应关系，此功能主要反映了风机的运行效率，是考察风机在不同风速情形下的主要指标。

操作说明：

（1）打开“图表”菜单，选择“功率曲线图”，进入“功率曲线图”窗口。

（2）选择风机、开始时间、结束时间，默认时间段为从本月的第一天至当天。

（3）单击“绘图”按钮，即生成功率曲线图，如图 3-37 所示。

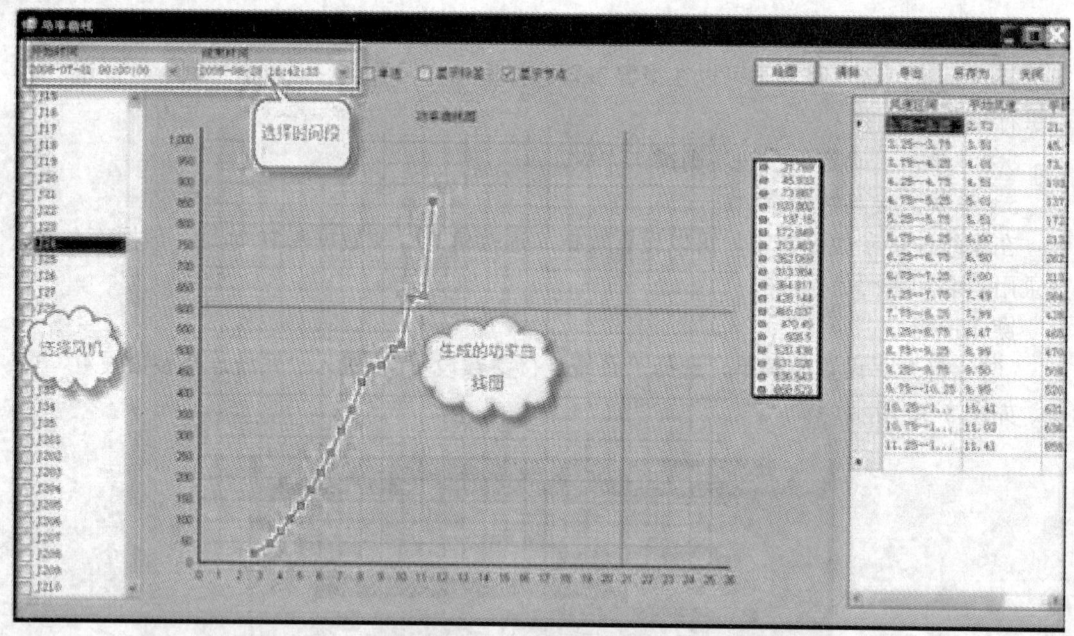

图 3-37 功率曲线图

二、趋势图

趋势图显示风机的不同状态量在不同时间的变化趋势，此功能主要反映了风机在不同时间内的平均风速、平均功率等不同量的时间、值的对比统计。

操作说明：

（1）打开“图表”菜单，选择“趋势图”，进入“趋势图”窗口。

（2）选择风机，状态量选择，结束时间、结束时间，默认时间为从本月的第一天至当天。

（3）单击“统计”按钮，即按照所选择的状态量生成趋势图，如图 3-38 所示。

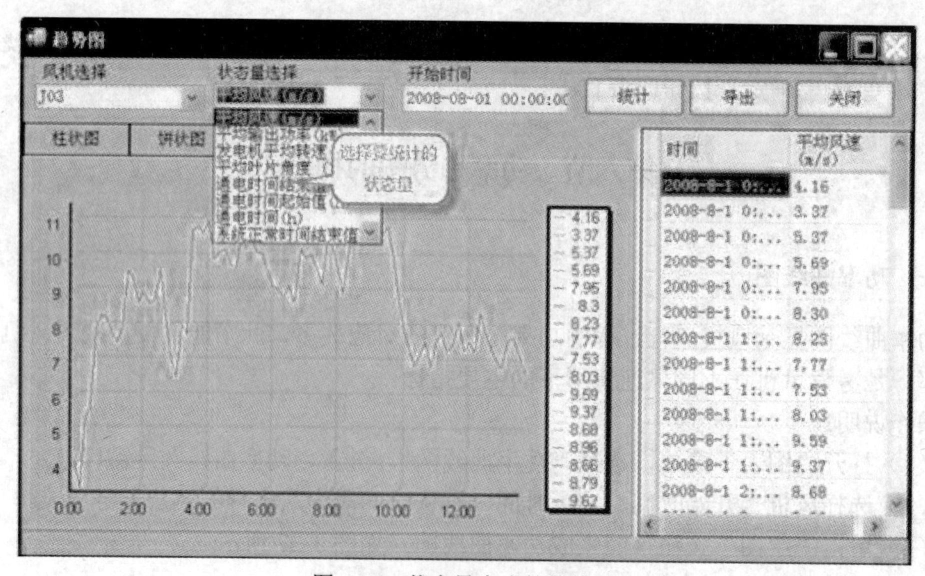

图 3-38 状态量生成的趋势图

（4）生成的趋势图默认是“线状图”，可以单击“柱状图”、“饼状图”按钮生成柱状图和饼状图。

三、关系对比图

关系对比图可以显示风机任意两个状态量在相同时段的关系，此功能主要反映了风机不同状态量之间的关系。

操作说明：

（1）打开“图表”菜单，选择“关系对比图”，进入“关系对比图”窗口。

（2）选择风机，横坐标、纵坐标，即要进行对比的两个状态量，选择开始时间、结束时间，默认时间段为从本月的第一天至当天。

（3）单击“统计”按钮，即按照所选择的两个状态量生成关系对比图，如图 3-39 所示。

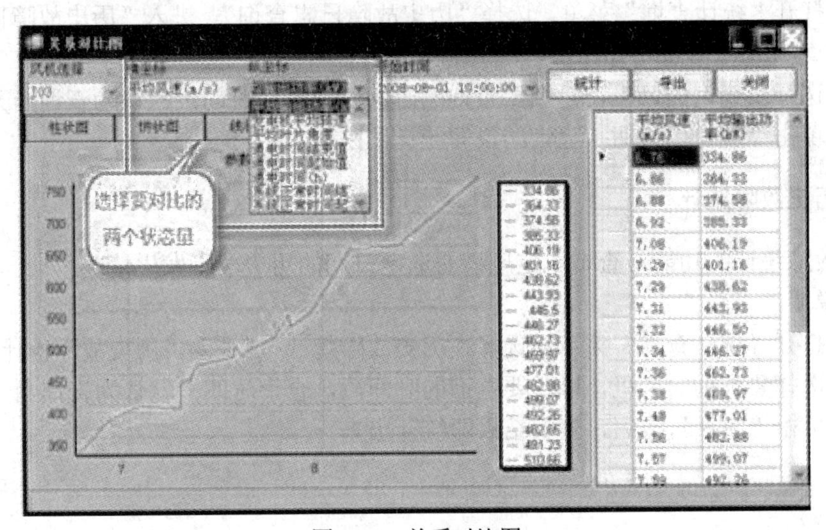

图 3-39 关系对比图

（4）生成的关系对比图默认是“线状图”，可以单击“柱状图”、“饼状图”按钮生成柱状图和饼状图。

第七节 统计查询的操作

一、历史状态日志查询

历史状态日志查询功能是查询选定风机的选定日期的状态记录。

操作说明：

（1）打开“统计查询”菜单，选择“历史状态日志查询”，进入“历史状态日志查询”窗口。

（2）选择要查询的风机，以及要查询的时间段，查询时间段默认为查询当天。

（3）单击“统计”按钮，查询结果即统计出来。

（4）单击“导出”按钮，可将统计结果导出至 Excel 文件中。

二、历史瞬态数据查询

操作说明：

（1）打开“统计查询”菜单，选择“历史瞬态数据查询”，进入“历史瞬态数据查询”窗口。

（2）选择要查询的风机，以及要查询的时间，查询时间默认为查询当天。

（3）单击“查询”按钮，查询结果即统计出来。

三、历史故障日志查询

历史故障日志查询的功能是查询选定风机的选定日期的历史故障记录。

操作说明：

（1）打开“统计查询”菜单，选择“历史故障日志查询”，进入“历史故障日志查询”窗口。

（2）选择要查询的风机，以及要查询的时间段，查询时间段默认为查询当天。

（3）单击“统计”按钮，查询结果即统计出来。

四、历史故障统计

历史故障统计的功能是查询选定风机的选定日期的历史故障发生情况。

操作说明：

（1）打开“统计查询”菜单，选择“历史故障统计”，进入“历史故障统计”窗口。

（2）选择要查询的风机，以及要查询的时间段，查询时间段默认为查询当天。

（3）单击“统计”按钮，查询结果即统计出来。

第四章　电力设备的运行操作

第一节　电气主接线

一、主接线概述

发电厂、变电站电气主接线是指由变压器、开关、刀闸、互感器、母线、避雷器等电气设备按一定的顺序连接，用来汇集和分配电能的电路，也称为一次设备主接线图。这种全部由一次设备组成的电路绘制在图纸上，就是电气主接线图。在电气主接线图中，所有的电气设备均用国家和电力行业规定的文字和符号表示，如图4-1所示，并且按它们的“正常状态”画出。所谓“正常状态”，就是电气设备处在所有电路无电压及无任何外力作用下的状态，开关和刀闸均在断开位置。

设备名称	文字图形符号	设备名称	文字图形符号	设备名称	文字图形符号
发电机	GS G ~	电动机	MA(交) M MD(直)	电容器	C
断路器	QF	隔离开关	QS	接地	GN
变压器	TM	电抗器	L	熔断器	FU
电流互感器	TA	电压互感器	TV	避雷器	F

图4-1　电气一次接线图常用设备图形符号

需要注意的是，电气设备的正常状态和正常运行方式是两个不同的概念。正常状态有两层含义：一是作为电气主接线图，电气设备处在所有电路无电压及无任何外力作用下的状态，开关和刀闸均在断开位置；二是指设备的各项功能正常，在额定的电压、电流作用下能长期运行的一种状态。正常运行方式是指在本站设备或系统正常运行情况下，管辖调度所规定的通用的一种运行方式。只要本站设备正常，就必须按照有关调度规定的方式运行，除有管辖权的调度以外的其他人员无权改变设备的运行方式。

与正常运行方式相对应的是非正常运行方式，这是指因设备故障、停电检修、本站或系统事故处理而暂时改变设备的正常运行方式。

二、电气主接线的基本要求

电气主接线应满足下列基本要求：

（1）牵引变电所、铁路变电所电气主接应综合考虑电源进线情况（有无穿越通过）、负荷重要程度、主变压器容量和台数，以及进线和馈出线回路数量、断路器备用方式和电气设备特点等条件确定，并具有相应的安全可靠性、运行灵活和经济性。

（2）具有一级电力负荷的牵引变电所，向运输生产、安全环卫等一级电力负荷供电的铁路变电所，城市轨道交通降压变电所（见电力负荷、电力牵引负荷）应有两回路相互独立的电源进线，每路电源进线应能保证对全部负荷的供电。没有一级电力负荷的铁路变、配电所，应有一回路可靠的进线电源，有条件时宜设置两回路进线电源。

（3）主变压器的台数和容量能满足规划期间供电负荷的需要，并能满足当变压器故障或检修时供电负荷的需要。在三相交流牵引变电所和铁路变电所中，当出现三级电压且中压或低压侧负荷超过变压器额定容量的15%时，通常应采用三绕组变压器为主变压器。

（4）按电力系统无功功率就地平衡的要求，交流牵引变电所和铁路变、配电所需分层次装设并联电容补偿设备与相应主接线配电单元。为改善注入电力统的谐波含量，交流牵引变电所牵引电压侧母线，还需要考虑接入无功、谐波综合并联补偿装置回路（见并联综合补偿装置）。对于直流制干线电气化铁路，为减轻直流12相脉动电压牵引网负荷对沿线平行通信线路的干扰影响，需在牵引变电所直流正、负母线间设置550Hz、650Hz等谐波的并联滤波回路。

（5）电源进（出）线电压等级及其回路数、断路器备用方式和检修周期，对电气主接线形式的选择有重大影响。当交、直流牵引变电所35～220kV电压的电源进线为两回路时，宜采用双T形分支接线或桥形接线的主接线，当进（出）线不超过四回路及以上时，可采用单母线或分段单母线的主接线；进（出）线为四回路及以上时，宜采用带旁路母线的分段单线线主接线。对于有两路电源并联运行的6～10kV铁路地区变、配电所，宜采用带断路器分段的单母线接线；电源进线为一主一备时，分段开关可采用隔离开关。无地方电源的铁路（站、段）发电所，装机容量一般在2000kVA以下，额定电压定为400V或6.3kV，其电气主接线宜采用单母线或隔离开关分段的单母线接线。

（6）交、直流牵引变电所牵引负荷侧电气接线形式，应根据主变压器类型（单相、三相或其他）及数量、断路器或直流快速开关类型和备用方式、馈线数目和线路的年运输量或者客流量因素确定。一般宜采用单母线分段的接线，当馈线数在四回路以上时，应采用单母线分段带旁路母线的接线。

三、电气主接线的形式

电气主接线形式对电气设备选择、配电装置布置、继电保护与自动装置配置起着决定性作用，直接影响系统运行可靠性、灵活性、经济性。

（一）不分段的单母线接线

不分段的单母线接线如图4-2所示。

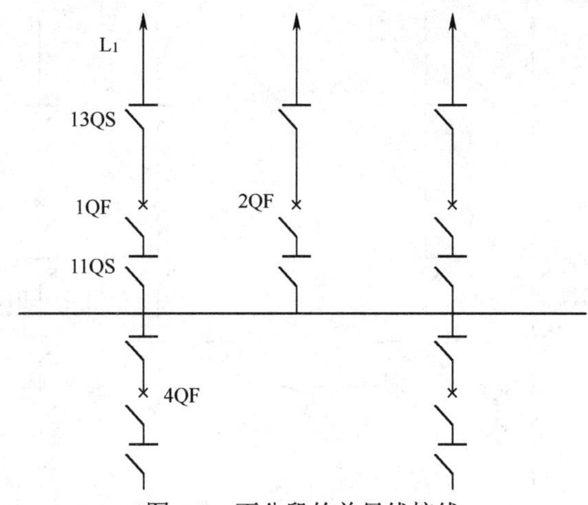

图 4-2 不分段的单母线接线

1. 接线特点

当进线和出线回路数不止一回时，为了适应负荷变化和设备检修的需要，使每一回路引出线均能从任一电源取得电能，或任一电源被切除时，仍能保证供电，在引出回路与电源回路之间，用母线连接。

单母线接线的特点是每一回路均经过一台断路器 QF 和隔离开关 QS 接于一组母线上。断路器用于在正常或故障情况下接通与断开电路。断路器两侧装有隔离开关，用于停电检修断路器时作为明显断开点以隔离电压，靠近母线侧的隔离开关称母线侧隔离开关（如 11QS），靠近引出线侧的称为线路侧隔离开关（如图 4-2 中 13QS）。

2. 优缺点分析

（1）单母线的优点。接线简单清晰，设备少，操作方便，投资少，便于扩建。

（2）单母线的缺点。可靠性和灵活性较差；在母线和母线隔离开关检修或故障时，各支路都必须停止工作；引出线的断路器检修时，该支路要停止供电。

3. 典型操作

（1）线路停电操作。如图 4-2 所示，以 L_1 线路停电为例，操作步骤是：断开 1QF 断路器，检查 1QF 确实断开，断开 13QS 隔离开关，断开 11QS 隔离开关。停电时先断开线路断路器后断开隔离开关；停电操作时隔离开关的操作顺序是先断开负荷侧隔离开关 13QS，后断开母线侧隔离开关 11QS。

（2）线路送电操作。以 L_1 线路送电为例，操作步骤是：检查 1QF 确实断开，合上 11QS 隔离开关，合上 13QS 隔离开关，合上 1QF 断路器。

4. 适用范围

单母线接线不能满足对不允许停电的重要用户的供电要求，一般用于 6～220kV 系统中，出线回路较少，对供电可靠性要求不高的中、小型发电厂与变电站中。

（二）单母分段接线

（1）当引出线数目较多时，为提高供电可靠性，可用断路器将母线分段，成为单母线分段接线，如图 4-3 所示。

正常运行时，单母线分段接线有两种运行方式：

1）分段断路器闭合运行。正常运行时分段断路器 0QF 闭合，两个电源分别接在两段母线上；两段母线上的负荷应均匀分配，以使两段母线上的电压均衡。

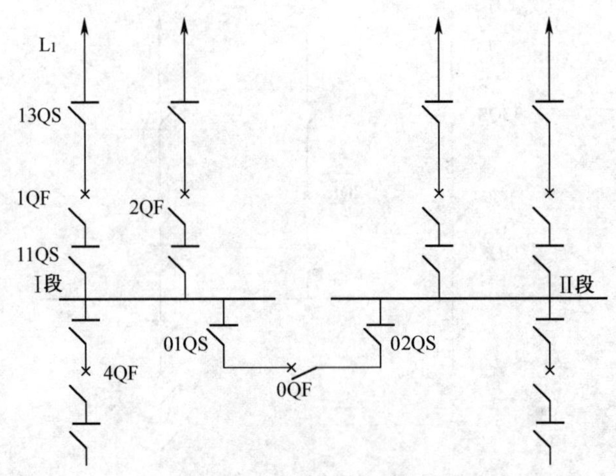

图 4-3　单母分段接线

2）分段断路器 0QF 断开运行。正常运行时分段断路器 0QF 断开，两段母线上的电压可不相同。每个电源只向接至本段母线上的引出线供电。

（2）优缺点分析。

1）优点。当母线发生故障时，仅故障母线段停止工作，另一段母线仍继续工作；两段母线可看成是两个独立的电源，提高了供电可靠性，可对重要用户供电。

2）缺点。当一段母线故障或检修时，该段母线上的所有支路必须断开，停电范围较大；任一支路断路器检修时，该支路必须停电；扩建时，需向两端均衡扩建。

（3）适用范围。单母线分段接线与单母线接线相比提高了供电可靠性和灵活性。但是，当电源容量较大、出线数目较多时，其缺点更加明显。因此，单母线分段接线用于：①电压为 6～10kV 时，出线回路数为 6 回及以上，每段母线容量不超过 25MW，否则回路数过多，影响供电可靠性；②电压为 35～63kV 时，出线回路数为 4～8 回为宜；③电压 110～220kV 时，出线回路数为 3～4 回为宜。

（三）单母线分段带旁路母线接线

为克服出线断路器检修时该回路必须停电的缺点，可采用增设旁路母线的方法。

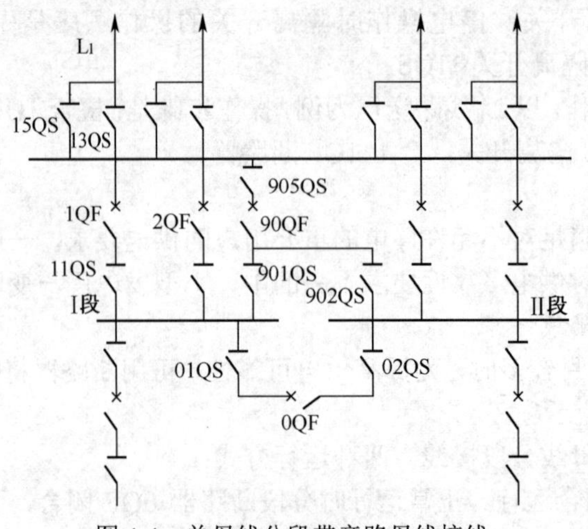

图 4-4　单母线分段带旁路母线接线

1. 接线特点

图 4-4 所示为单母线分段带旁路接线的一种情况。旁路母线经旁路断路器接至Ⅰ、Ⅱ段母线上。正常运行时，90QF 回路以及旁路母线处于冷备用状态。

2. 优点

单母分段带旁路接线与单母分段相比，带来的唯一好处就是出线断路器故障或检修时可以用旁路断路器代路送电，使线路不停电。

3. 典型操作

图 4-4 中检修线路 L_1 的断路器 1QF 时，要求线路不停电，其操作顺序为：检查 90QF 确断，合上 901QS，合上 905QS，合上 90QF；检查旁路母线电压正常，断开 90QF，合上 15QS，合上 90QF；检查 90QF 三相电流平衡，断开 1QF，断开 13QS，断开 11QS，然后按检修要求做好安全措施，即可对 1QF 进行检修，而整个过程 L_1 线路不停电。

4. 适用范围

单母线分段带旁路接线，主要用于电压为 6～10kV 出线较多而且对重要负荷供电的装置中；35kV 及以上有重要联络线路或较多重要用户时也采用。

当出线回路数不多时，旁路断路器利用率不高，可与分段断路器合用，并有图 4-5 所示两种形式。

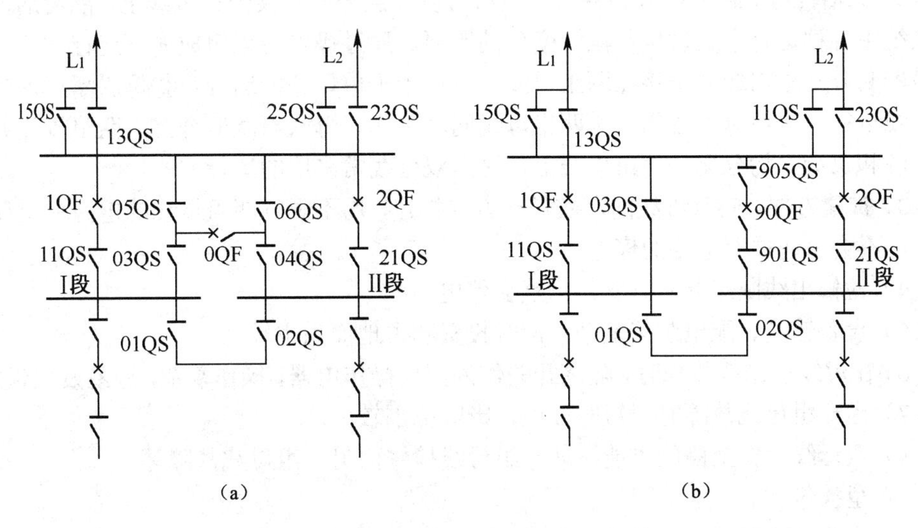

图 4-5　旁路与分段断路器合用

(a) 分段断路器兼作旁路断路器；(b) 旁路断路器兼作分段断路器

（四）不分段的双母线接线

1. 接线特点

这种接线有两组母线（ⅠWB 和ⅡWB），两组母线通过母线联络断路器 0QF（即母联断路器）连接；每一条引出线（L_1、L_2、L_3、L_4）和电源支路（5QF、6QF）都经一台断路器与两组母线隔离开关分别接至两组母线上，如图 4-6 所示。

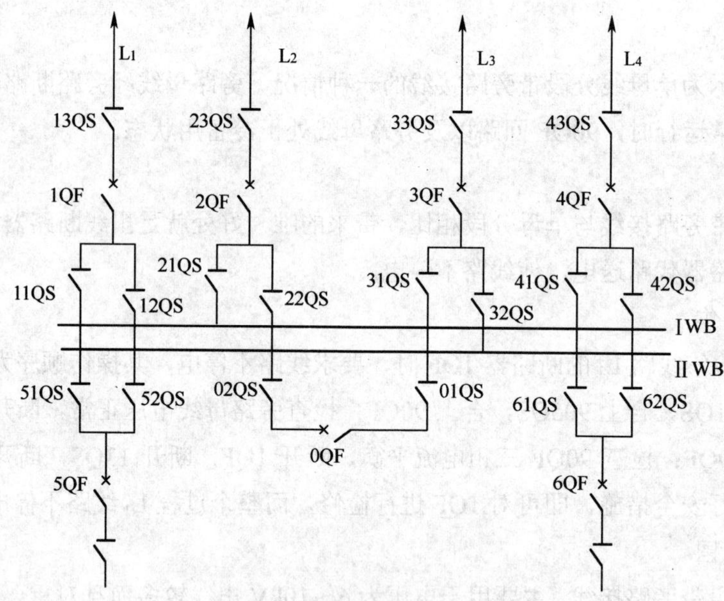

图 4-6 不分段的双母线接线

2. 优缺点分析

（1）可靠性高。可轮流检修母线而不影响正常供电。

（2）灵活性好。各个电源和各回路负荷可以任意分配到某一组母线上，能灵活地适应电力系统中各种运行方式调度和潮流变化的需要。通过操作可以组成如下运行方式：①母联断路器断开，进出线分别接在两组母线上，相当于单母分段运行；②母联断路器断开，一组母线运行，一组母线备用；③两组母线同时工作，母联断路器合上，两组母线并联运行，电源和负荷平均分配在两组母线上，这是双母线常采用的运行方式。

（3）扩建方便。向双母线的左右任一方向扩建，均不影响两组母线的电源和负荷的均匀分配，不会引起原有电路的停电。

（4）检修出线断路器时该支路仍然会停电。

（5）设备较多、配电装置复杂，同时投资和占地面积也较大。

（6）在母线检修或故障时，隔离开关作为倒换操作电器，操作复杂，容易发生误操作。

（7）当一组母线故障时仍短时停电，影响范围较大。

（8）双母线存在全停的可能，如一组母线检修而另一组母线故障等。

3. 典型操作

（1）母线运行转检修操作。

1）正常运行方式。两组母线并联运行，L_1、L_3、5QF 接Ⅰ母线，L_2、L_4、6QF 接Ⅱ母线。操作步骤为：确认 0QF 在合闸运行，取下 0QF 操作电源保险，合上 52QS，断开 51QS，合上 12QS，断开 11QS，合上 32QS，断开 31QS，投上 0QF 操作电源保险；然后断开 0QF，检查 0QF 确已断开，断开 01QS，断开 02QS；然后退出Ⅰ母线电压互感器，按检修要求做好安全措施，即可对Ⅰ母线进行检修，而整个操作过程没有任何回路停电。

2）正常运行方式。Ⅰ母线为工作母线，Ⅱ母线为备用母线。操作步骤为：依次合上母联隔离开关 01QS 和 02QS，再合上母联断路器 0QF，用母联断路器向备用母线充电，检验备用母线是否完好，若备用母线存在短路故障，母联断路器立即跳闸，若备用母线完好时，合上母联断路器后不跳闸；然后取下 0QF 操作电源保险，合上 52QS，断开 51QS，合上 62QS，断开 61QS，合上 12QS，断开 11QS，合上 22QS，断开 21QS，合上 32QS，断开 31QS，合上 42QS，断开 41QS，投上 0QF 操作电源保险，由于母联断路器连接两套母线，所以依次合上、断开以上隔离开关只是转移电流，而不会产生电弧；断开母联断路器 0QF，依次断开母联隔离开关 01QS 和 02QS。至此，Ⅱ母线转换为工作母线，Ⅰ母线转换为备用母线，在上述操作过程中，任一回路的工作均未受到影响。

（2）51QS 隔离开关检修。

正常运行方式：两组母线并联运行，L_1、L_3、5QF 接Ⅰ母线，L_2、L_4、6QF 接Ⅱ母线。操作步骤：只需将 L_1、L_3 线路倒换到Ⅱ母线上运行，然后断开该回路和与此隔离开关相连接的Ⅰ母线，并做好安全措施，该隔离开关就可以停电检修，具体操作步骤参考操作（1）“Ⅰ母线运行转检修操作”。

（3）L_1 线路断路器 1QF 拒动，利用母联断路器切断 L_1 线路正常运行方式是：两组母线并联运行，L_1、L_3、5QF 接Ⅰ母线，L_2、L_4、6QF 接Ⅱ母线。操作步骤：首先利用倒母线的方式，将 L_3 回路和 5QF 回路从Ⅰ母线上倒到Ⅱ母线上运行，这时 L_1 线路、1QF、Ⅰ母线、母联、Ⅱ母线形成串联供电电路，然后断开母联断路器 0QF 切断电路，即可保证线路 L_1 可靠切断。

4. 适用范围

由于双母线接线具有较高的可靠性和灵活性，这种接线在大、中型发电厂和变电站中得到广泛的应用。一般用于引出线和电源较多、输送和穿越功率较大、要求可靠性和灵活性较高的场合。

（1）电压为 6～10kV 短路容量大，有出线电抗器的装置。

（2）电压为 35～60kV 出线超过 8 回或电源较多，负荷较大的装置。

（3）电压为 110～220kV 出线为 5 回及以上，或者在系统中居重要位置、出线为 4 回及以上的装置。

（五）双母线分段接线

双母线分段接线（图 4-7）是用断路器将其中一组母线分段，或将两组母线都分段。这种接线较双母线接线具有更高的可靠性和更大的灵活性。

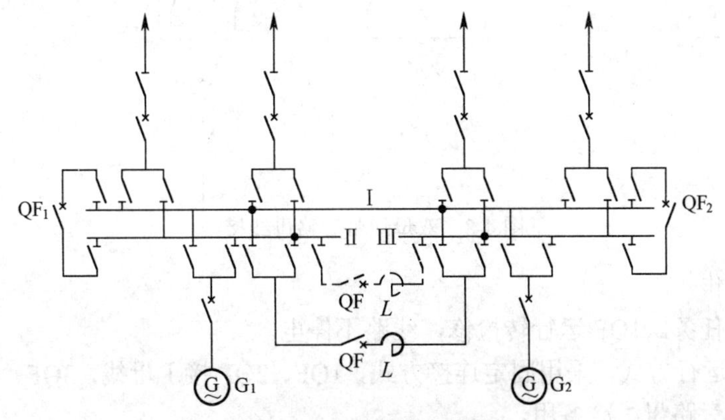

图 4-7　双母线分段接线

双母线分段接线主要适用于大容量进出线较多的装置中。

（1）电压为220kV进出线为10～14回的装置。

（2）在6～10kV配电装置中，当进出线回路数或者母线上电源较多，输送的功率较大时，短路电流较大，为了限制短路电流，选择轻型设备，提高接线的可靠性，常采用双母线分段接线，并在分段处装设母线电抗器。

双母四分段接线就是用分段断路器将一般双母线中的两组母线各分为两段，并设置两台母联断路器。正常运行时，电源和线路大致均分在四段母线上，母联断路器和分段断路器均合上，四段母线同时运行。当任一段母线故障时，只有1/4的电源和负荷停电；当任一段母联断路器或分段断路器故障时，只有1/2左右的电源和负荷停电（分段单母线及一般双母线接线都会全停电），但这种接线的断路器及配电装置投资更大，用于进出线回路数甚多的配电装置。

（六）双母线带旁路母线接线

1. 接线特点

旁路断路器可代替出线断路器工作，使出线断路器检修时，线路供电不受影响。

2. 优缺点分析

双母线带旁路母线接线（图4-8）大大提高了主接线系统的工作可靠性，当电压等级较高，线路较多时，因一年中断路器累计检修时间较长，这一优点更加突出。母联断路器兼做旁路断路器的接线经济性比较好，但是在代路过程中需要将双母线同时运行改成单母线运行，降低了可靠性。

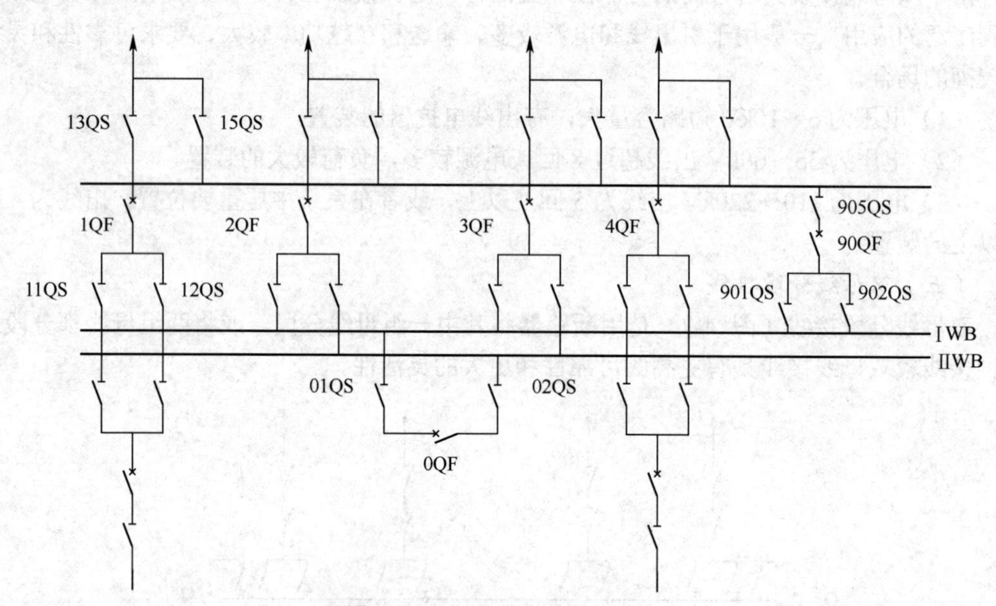

图4-8 双母线带旁路母线接线

3. 典型操作

（1）操作任务。1QF运行转检修，线路不停电。

（2）正常运行方式。采用固定连接方式，1QF、2QF接Ⅰ母线，3QF、4QF接Ⅱ母线，90QF回路以及旁路母线冷备用。

（3）操作步骤。

1）给旁路母线充电。检查 90QF 确实断开，合上 901QS，合上 905QS，合上 90QF，查旁路母线电压正常。

2）用旁路断路器给线路送电。断开 90QF，合上 15QS，合上 90QF，检查 90QF 三相电流平衡。

3）断开 1QF，检查 1QF 确实断开，断开 13QS，断开 11QS，然后按检修要求作安全措施，即可对 1QF 进行检修。

4. 适用范围

这种接线一般用在 220kV 线路 4 回及以上出线或者 110kV 线路有 6 回及以上出线的场合。

（七）一台半断路器接线

1. 接线特点

有两组母线，每一回路经一台断路器接至一组母线，两个回路间有一台断路器联络，形成一串，每回进出线都与两台断路器相连，而同一串的两条进出线共用三台断路器，故而得名一台半断路器接线或称为二分之三接线（图 4-9）。

正常运行时，两组母线同时工作，所有断路器均闭合。

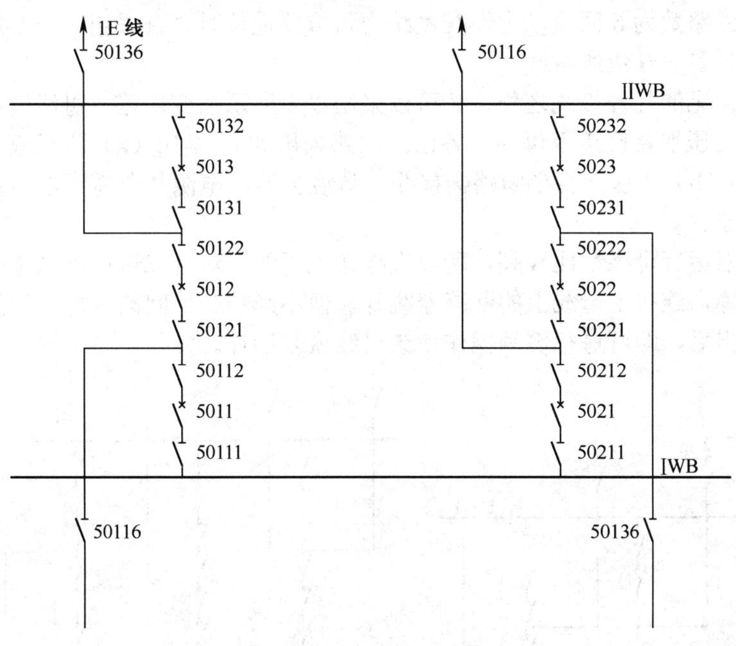

图 4-9　一台半断路器接线

2. 优缺点分析

（1）运行灵活可靠。正常运行时成环形供电，任意一组母线发生短路故障，均不影响各回路供电。

（2）操作方便。隔离开关只起隔离电压作用，避免用隔离开关进行倒闸操作。任意一台断路器或母线检修，只需拉开对应的断路器及隔离开关，各回路仍可继续运行。

（3）一般情况下，一台母线侧断路器故障或拒动，只影响一个回路工作。只有联络断路器故障或拒动时，才会造成二条回路停电。

（4）一台半断路器接线的二次控制接线和继电保护比较复杂，投资较大。

为提高运行可靠性，防止同名回路（指两个变压器或两回供电线路）同时停电，一般采用交替布置的原则，即重要的同名回路交替接入不同侧母线；同名回路接到不同串上；把电源与引出线接到同一串上，这样布置，可避免联络断路器检修时，因同名回路串的母线侧断路器故障，使同一侧母线的同名回路一起断开。同时，为使一台半断路器接线优点更突出，接线至少应有三个串（每串为三台断路器）才能形成多环接线，可靠性更高。

3. 典型操作

Ⅰ母线由运行转检修操作步骤如下：

（1）断开5011断路器，检查5011断路器在分闸位。

（2）断开5021断路器，检查5021断路器在分闸位。

（3）断开50111隔离开关，检查50111隔离开关分闸到位。

（4）断开50211隔离开关，检查50211隔离开关分闸到位。

（5）进行保护的投退和安全措施后，即可对Ⅰ母线进行检修。

4. 适用范围

一台半断路器接线，目前在国内、外已较广泛应用于大型发电厂和变电站的330～500kV的配电装置中。

当进出线回路数为6回及以上，在系统中占重要地位时，宜采用一个半断路器接线。

（八）变压器—母线组接线

除了以上常见的几种接线之外，还可以采用以下所示的变压器—母线组接线。

这种接线变压器直接接入母线，各出线回路采用如图4-10（a）所示双断路器接线，或者如图4-10（b）所示一台半断路器接线。调度灵活，电源与负荷可以自由调配，安全可靠，利于扩建。

由于变压器运行可靠性比较高，所以直接接入母线，对母线运行不产生明显的影响。一旦变压器故障，连接于母线上的断路器跳开，但不影响其他回路供电，再用隔离开关把故障变压器退出后，即可进行倒闸操作使该母线恢复运行。

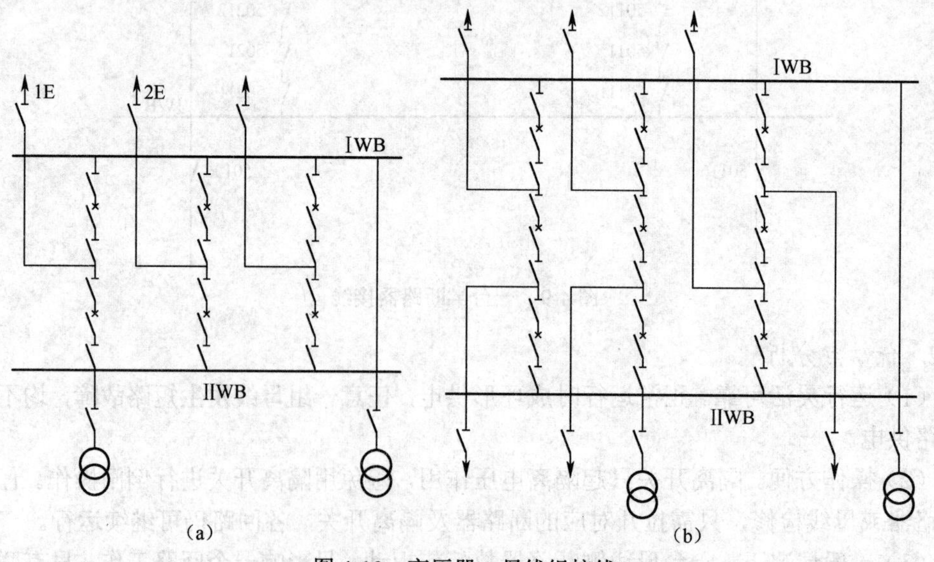

图4-10 变压器—母线组接线

（a）出线双断路器接线；（b）出线一台半断路器接线

（九）桥形接线

桥形接线适用于仅有两台变压器和两回出线的装置中，接线如图 4-11 所示。桥形接线仅用三台断路器，根据桥回路（QF_3）的位置不同，可分为内桥和外桥两种接线。桥形接线正常运行时，三台断路器均闭合工作。

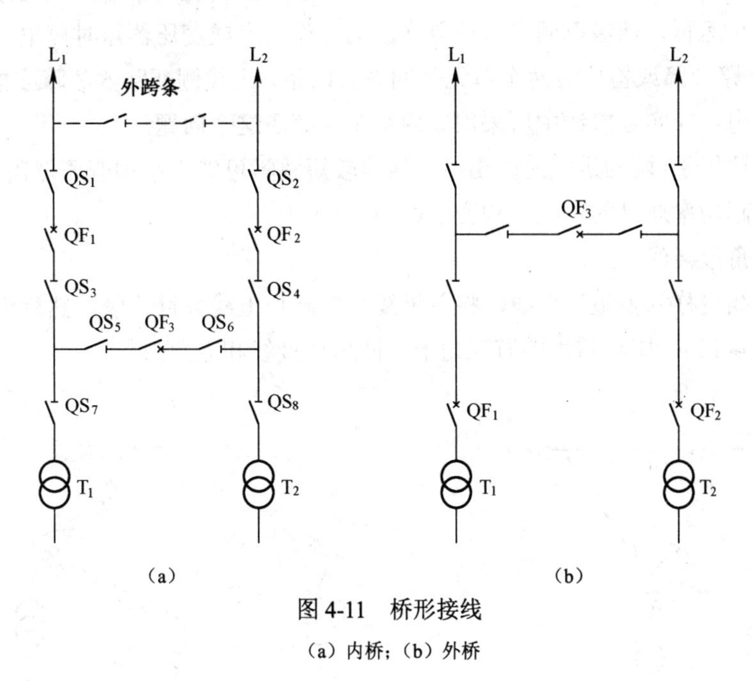

图 4-11　桥形接线

（a）内桥；（b）外桥

1. 内桥接线

桥回路置于线路断路器内侧（靠变压器侧），此时线路经断路器和隔离开关接至桥接点，构成独立单元；而变压器支路只经隔离开关与桥接点相连，是非独立单元。

内桥接线的特点：

（1）线路操作方便。如线路发生故障，仅故障线路的断路器跳闸，其余三回路可继续工作，并保持相互的联系。

（2）正常运行时变压器操作复杂。如变压器 1T 检修或发生故障时，需断开断路器 1QF、3QF，使未故障线路 L_1 供电受到影响，然后需经倒闸操作，拉开隔离开关 1QS 后，再合上 1QF、3QF 才能恢复线路 L_1 工作。因此将造成该侧线路的短时停电。

（3）桥回路故障或检修时两个单元之间失去联系；同时，出线断路器故障或检修时，造成该回路停电。为此，在实际接线中可采用设外跨条来提高运行灵活性。

内桥接线适用于：两回进线两同出线且线路较长、故障可能性较大和变压器不需要经常切换运行方式的发电厂和变电站中。

2. 外桥接线

桥回路置于线路断路器外侧，变压器经断路器和隔离开关接至桥接点，而线路支路只经隔离开关与桥接点相连。

外桥接线的特点为：

（1）变压器操作方便。如变压器发生故障时，仅故障变压器回路的断路器自动跳闸，其余三回路可继续工作，并保持相互的联系。

（2）线路投入与切除时，操作复杂。如线路检修或故障时，需断开两台断路器，并使该侧变压器停止运行，需经倒闸操作恢复变压器工作，造成变压器短时停电。

（3）桥回路故障或检修时两个单元之间失去联系，出线侧断路器故障或检修时，造成该侧变压器停电，在实际接线中可采用设内跨条来解决这个问题。

外桥接线适用于：两回进线两回出线且线路较短故障可能性小和变压器需要经常切换，而且线路有穿越功率通过的发电厂和变电站中。

（十）多角形接线

多角形接线也称为多边形接线，将单母线按电源和出线数目分段，然后连接成一个环形的接线（图 4-12）。比较常用的有三角形、四角形接线和五角形。

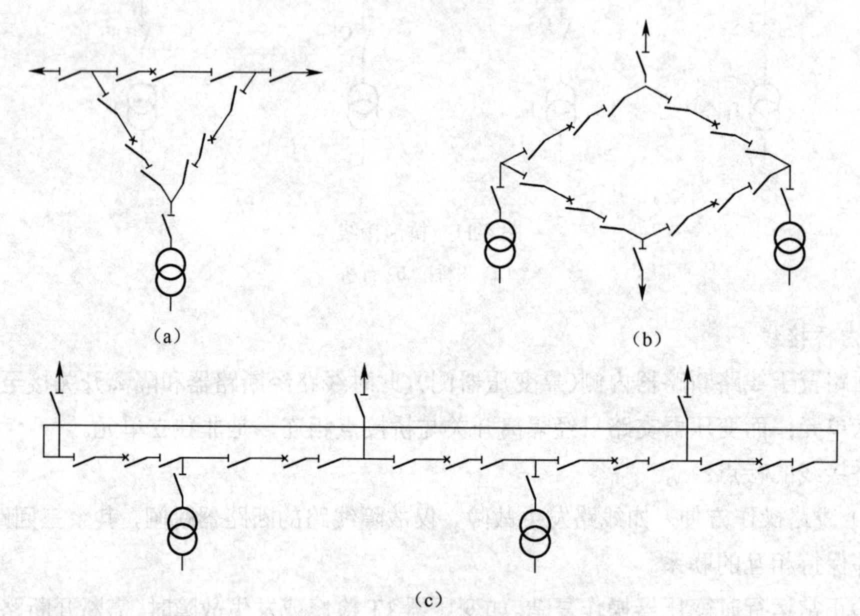

图 4-12　多角形接线

多角形接线特点：

（1）每个回路位于两个断路器之间，具有双断路器接线的优点，检修任一断路器都不中断供电。

（2）所有隔离开关只用作隔离电器使用，不作操作电器用，容易实现自动化和遥控。

（3）正常运行时，多角形是闭合的，任一进出线回路发生故障，仅该回路断开，其余回路不受影响，因此运行可靠性高。

（4）任一断路器故障或检修时，则开环运行，此时若环上某一元件再发生故障就有可能出现非故障回路被迫切除并将系统解列。这种缺点随角数的增加更为突出，所以这种接线最多不超过 6 角。

（5）开环和闭环运行时，流过断路器的工作电流不同，这将给设备选择和继电保护整定带来一定的困难。

（6）此接线的配电装置不便于扩建和发展。

多角形接线多用于最终容量和出线数已确定的110kV及以上的水电厂中，且不宜超过六角形。

（十一）单元接线

单元接线是将不同的电气设备（发电机、变压器、线路）串联成一个整体，称为一个单元，然后再与其他单元并列。

1. 单元接线

如图4-13所示为发电机—变压器单元接线示意图。

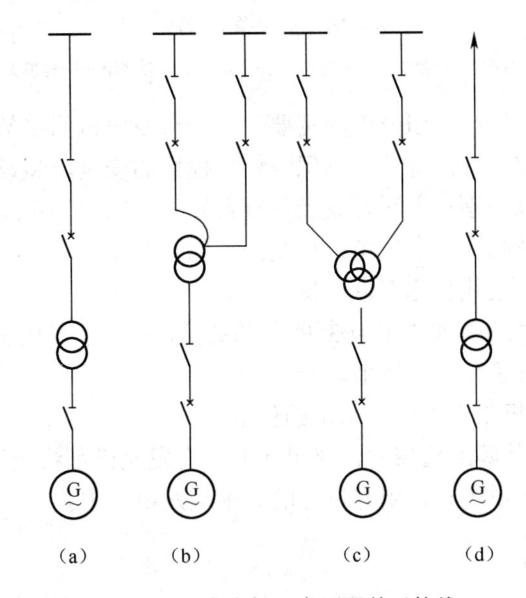

图4-13　发电机—变压器单元接线

（a）发电机—双绕组变压器单元接线；（b）发电机—自耦变压器单元接线；
（c）发电机—三绕组变压器单元接线；（d）发电机—变压器线路组单元接线

发电机—变压器单元接线具有以下特点：

（1）接线简单清晰，电气设备少，配电装置简单，投资少，占地面积小。

（2）不设发电机电压母线，发电机或变压器低压侧短路时，短路电流小。

（3）操作简便，降低故障的可能性，提高了工作的可靠性，继电保护简化。

（4）任一元件故障或检修全部停止运行，检修时灵活性差。

单元接线适用于机组台数不多的大、中型不带近区负荷的区域发电厂以及分期投产或装机容量不等的无机端负荷的中、小型水电站。

2. 扩大单元接线

扩大单元接线是采用两台发电机与一台变压器组成单元的接线，如图4-14所示。

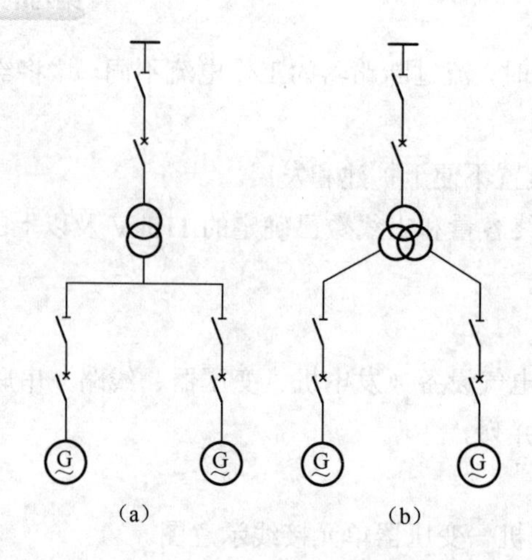

图 4-14 扩大单元接线

(a) 发电机双绕组变压器扩大单元接线；(b) 发电机分裂绕组变压器扩大单元接线

在这种接线中，为了适应机组开停的需要，每一台发电机回路都装设断路器，并在每台发电机与变压器之间装设隔离开关，以保证停机检修的安全。装设发电机出口断路器的目的是使两台发电机可以分别投入运行或当任一台发电机需要停止运行或发生故障时，可以操作该断路器，而不影响另一台发电机与变压器的正常运行。

扩大单元接线与单元接线相比有以下特点：

(1) 减小了主变压器和主变高压侧断路器的数量，减少了高压侧接线的回路数，从而简化了高压侧接线，节省了投资和场地。

(2) 任一台机组停机都不影响厂用电的供给。

(3) 当变压器发生故障或检修时，该单元的所有发电机都将无法运行。

扩大单元接线用于在系统有备用容量时的大中型发电厂中。

四、电气主接线设计

(一) 设计的原则和要求

电气主接线设计应满足可靠性、灵活性、经济性三项基本要求。

1. 可靠性

(1) 断路器检修时不应影响对系统的供电。

(2) 断路器或者母线故障以及母线检修时，尽量减少停电回路数和停电时间，并且要保证全部一级负荷和部分二级负荷供电。

(3) 尽量避免发电厂、变电站全部停电的可能性。

(4) 大机组超高压电气主接线应该满足可靠性的特殊要求。

2. 灵活性

(1) 调度时应该可以灵活地切除和投入发电机、变压器、线路，以满足系统在事故运行方式、检修运行方式以及特殊运行方式下对电源和负荷的调配要求。

(2) 检修时可以方便地停运断路器、母线及其继电保护设备。

(3) 扩建时可以容易地从初期方案过渡到最终方案，尽量不影响连续供电，并且改建工作量最少。

3. 经济性

（1）尽量通过节约一次设备、简化二次部分、限制短路电流以及采用简易电器以节约投资。

（2）主接线设计要为配电装置布置创造条件，尽量减少占地面积。

（3）合理选择变压器的种类、容量、数量，避免因为二次变压而导致电能损耗增加。

（二）设计的步骤和方法

（1）分析原始资料。原始资料分析包括：

1）本工程情况。

2）电力系统情况。

3）负荷情况。

（2）拟定主接线方案。拟定主接线方案的具体步骤如下：

1）根据发电厂、变电站和电网的具体情况，初步拟定出若干技术可行的接线方案。

2）选择主变压器台数、容量、型式、参数及运行方式。

3）拟定各电压等级的基本接线形式。

4）确定自用电的接入点、电压等级、供电方式等。

5）对上述各部分进行合理组合，拟出3～5个初步方案，在结合主接线的基本要求对各方案进行技术分析比较，确定出两三个较好的待选方案。

6）对待选方案进行经济比较，确定最终主接线方案。

（3）短路电流计算。

（4）主要电气设备的配置和选择。

1）隔离开关的配置。

a．断路器两侧均应配置隔离开关，以便在断路器检修时隔离电源。

b．中小型发电机出口一般应装设隔离开关。

c．接在母线上的避雷器和电压互感器宜合用一组隔离开关。

d．多角形接线中的进出线应该装隔离开关，以便进出线检修时能保证闭环运行。

e．桥形接线中的跨条宜用两组隔离开关串联，这样便于进行不停电检修。

f. 中性点直接接地的普通变压器中性点应通过隔离开关接地，自耦变压器中性点则不必装设隔离开关。

2）接地刀闸的配置。

a. 35kV及以上每段母线应根据长度装设1～2组接地刀闸，母线的接地刀闸一般装设在母线电压互感器隔离开关或者母联隔离开关上。

b．63kV及以上配电装置的断路器两侧隔离开关和线路隔离开关的线路侧宜配置接地刀闸。

c．旁路母线一般装设一组接地刀闸，设在旁路回路隔离开关的旁路母线侧。

d．63kV及以上主变压器进线隔离开关的主变压器侧宜装设一组接地刀闸。

3）电压互感器的配置。

a．电压互感器的配置应能满足保护、测量、同期和自动装置的要求。

b．6～220kV电压等级的每一组主母线的三相上应装设电压互感器。

c．当需要监视和检测线路侧有无电压时，出线侧的一相上应装设电压互感器。

d．发电机出口一般装设两组电压互感器。

e．500kV采用双母线时每回出线和每组母线的三相装设电压互感器，500kV采用一个半断路器接线时，每回出线三相装设电压互感器，主变压器进线和每组母线根据需要在一相或者三相装设电压互感器。

4）电流互感器的配置。

a．凡是装设断路器的回路均应装设电流互感器。

b．在未设断路器的下列地点应装设电流互感器：发电机变压器中性点、发电机和变压器出口、桥形接线的跨条上。

c．中性点直接接地系统一般按三相配置，非直接接地系统根据需要按两相或者三相配置。

d．一台半断路器接线中，线路－线路串根据需要设三到四组电流互感器，线路－变压器串，如果变压器套管电流互感器可以利用，可以装设三组电流互感器。

5）避雷器的配置。

a．每组母线上应装设避雷器，进出线都装有避雷器的除外。

b．旁路母线是否装设避雷器视其是否满足要求而定。

c．330kV及以上变压器和并联电抗器处必须装设避雷器。

d．220kV及以下变压器到避雷器之间的电气距离超过允许值时，应在变压器附近增设一组避雷器。

e．三绕组变压器低压侧的一相上宜装设一台避雷器。

f．自耦变压器必须在两个自耦合的绕组出线上装设避雷器，避雷器装设于变压器与断路器之间。

g．下列情况变压器中性点应装设避雷器：

（a）中性点直接接地系统，变压器中性点为分级绝缘且装有隔离开关时。

（b）中性点直接接地系统，变压器中性点为全绝缘，但是变电站为单进线且为单台变压器运行时。

（c）中性点不接地或经消弧线圈接地系统，多雷区单进线变压器中性点。

6）阻波器和耦合电容的配置。应根据系统通讯对载波电话的规划要求配置。

（5）绘制电气主接线图纸。

第二节　变压器的运行

一、变压器概述

变压器是利用电磁感应原理传输电能或电信号的器件，它具有变压、变流和变阻抗的作用。变压器的种类很多，应用十分广泛。如在电力系统中用电力变压器把发电机发出的电压升高后进行远距离输电，到达目的地后再用变压器把电压降低以便用户使用，以此减少传输过程中电能的损耗；在电子设备和仪器中常用小功率电源变压器改变市电电压，再通过整流和滤波，得到电路所需要的直流电压；在放大电路中用耦合变压器传递信号或进行阻抗的匹配等。变压器虽然大小悬殊，用途各异，但其基本结构和工作原理却是相同的。

常见的有两种变压器，即干式变压器和油浸式变压器，如图 4-15 所示。

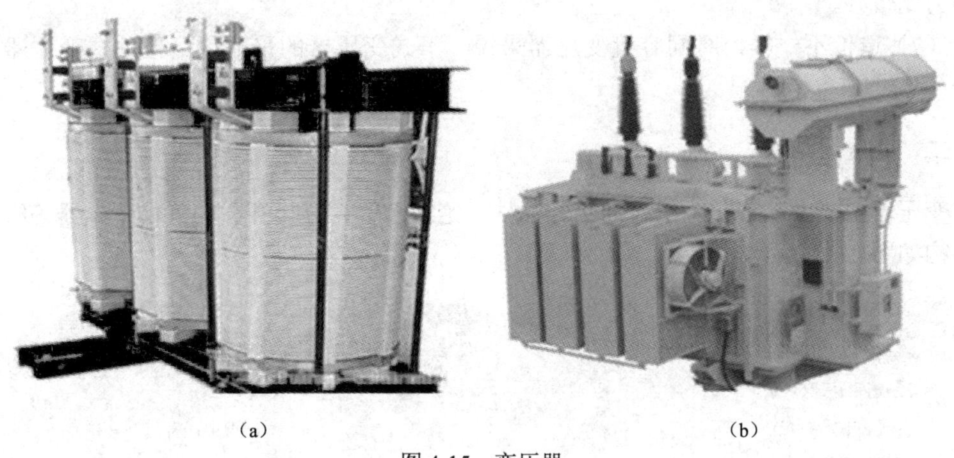

(a) (b)

图 4-15 变压器

(a) 干式变压器；(b) 油浸式变压器

油浸式变压器是以油作为变压器主要绝缘手段，依靠油作冷却介质（自冷、风冷、水冷）。一般升压站的主变都是油浸式的，变比 20kV/500kV。

干式变压器依靠空气对流进行冷却。小容量变压器变比 6000V/400V，干式电力变压器承受热冲击能力强、过负载能力大、难燃、防火性能高、低损耗、局部放电量小、噪声低、不产生有害气体、不污染环境、对湿度、灰尘不敏感、体积小、不开裂、维护简便，因此，最适宜用于防火要求高，负荷波动大以及污秽潮湿的恶劣环境中。如机场、发电厂、冶金作业、医院、高层建筑、购物中心、居民密集区以及石油化工、核电站、核潜艇等特殊环境中。

干式变压器和油式变压器相比，除工作原理相同外，最大的区别就是变压器内部有没有油，同时还有许多区别：

（1）从外观上看，封装形式不同，干式变压器能直接看到铁芯和线圈，而油式变压器只能看到变压器的外壳。

（2）引线形式不一样，干式变压器大多使用硅橡胶套管，而油式变压器大部分使用瓷套管。

（3）容量及电压不同，干式变压器一般适用于配电用，容量大都在 1600kVA 以下，电压在 10kV 以下，也有个别做到 35kV 电压等级的；而油式变压器却可以从小到大做到全部容量，电压等级也做到了所有电压；我国正在建设的特高压 1000kV 试验线路，采用的是油式变压器。

（4）绝缘和散热不一样，干式变压器一般用树脂绝缘，靠自然风冷，大容量靠风机冷却，而油式变压器靠绝缘油进行绝缘，靠绝缘油在变压器内部的循环将线圈产生的热带到变压器的散热器（片）上进行散热。

（5）从应用场所上说，干式变压器大多应用在需要“防火、防爆”的场所，一般大型建筑、高层建筑上易采用；而油式变压器由于“出事”后可能有油喷出或泄漏，造成火灾，大多应用在室外，且有场地挖设“事故油池”的场所。

（6）对负荷的承受能力不同，一般干式变压器应在额定容量下运行，而油式变压器过载能力比较好。

（7）造价不一样，对同容量变压器来说，干式变压器的采购价格比油式变压器价格要低。

二、变压器结构

变压器主要由铁芯、绕组、油箱、油枕、绝缘套管、分接开关和气体继电器等组成，其结构如图 4-16 所示。

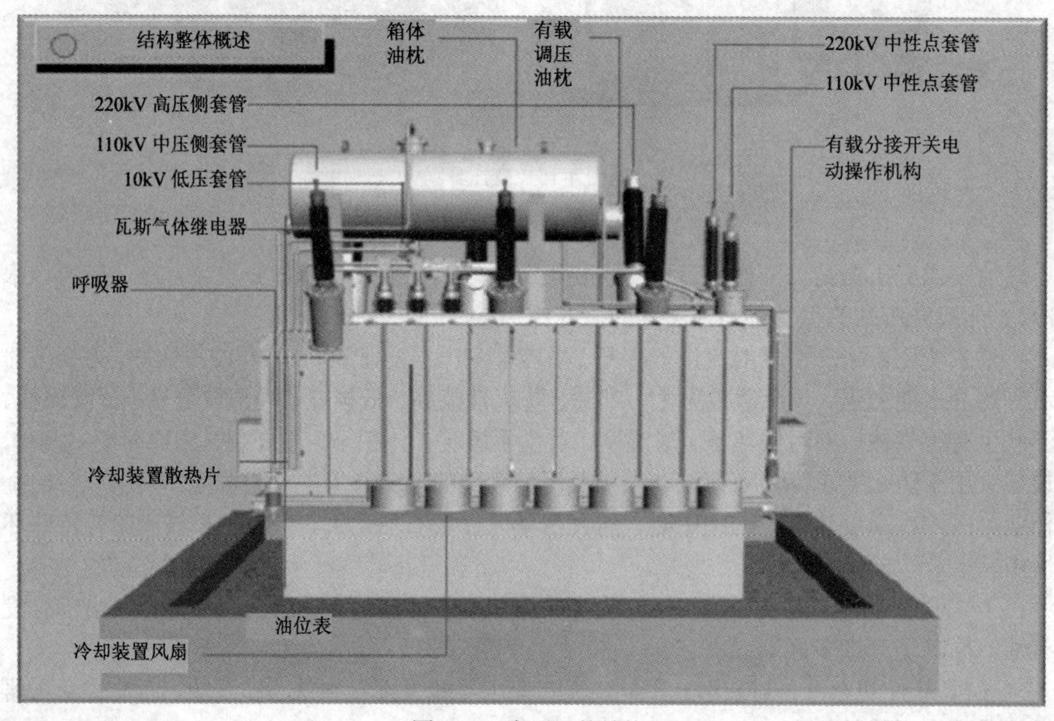

图 4-16 变压器的结构

1. 铁芯

铁芯是变压器的磁路部分。运行时要产生磁滞损耗和涡流损耗而发热。为降低发热损耗和减小体积和重量，铁芯采用小于 0.35mm 磁导率高的冷轧晶粒取向硅钢片构成。依照绕组在铁芯中的布置方式，有铁芯式和铁壳式之分。

在大容量的变压器中，为使铁芯损耗发出的热量能够被绝缘油在循环时充分带走，以达到良好的冷却效果，常在铁芯中设有冷却油道。

2. 绕组

绕组和铁芯都是变压器的核心元件。由于绕组本身有电阻或接头处有接触电阻，由 I^2Rt 知要产生热量。故绕组不能长时间通过比额定电流高的电流。另外，通过短路电流时将在绕组上产生很大的电磁力而损坏变压器。其基本绕组有同心式和交叠式两种。

变压器绕组主要故障是匝间短路和对外壳短路。匝间短路主要是由于绝缘老化，或由于变压器的过负荷以及穿越性短路时绝缘受到机械的损伤而产生的。变压器内的油面下降，致使绕组露出油面时，也能发生匝间短路；另外有穿越短路时，由于过电流作用使绕组变形，使绝缘受到机械损伤，也会产生匝间短路。匝间短路时，短路绕组内电流可能超过额定值，但整个绕组电流可能未超过额定值。在这种情况下，瓦斯保护动作，情况严重时，差动保护装置也会动作。

对外壳短路的原因也是由于绝缘老化或油受潮、油面下降，或因雷电和操作过电压而产生的。除此以外，在发生穿越短路时，因过电流而使绕组变形，也会产生对外壳短路的现象。对外壳短路时，一般都是瓦斯保护装置动作和接地保护动作。

3. 油箱

油浸式变压器的器身（绕组及铁芯）都装在充满变压器油的油箱中，油箱用钢板焊成。中、小型变压器的油箱由箱壳和箱盖组成，变压器的器身放在箱壳内，将箱盖打开就可吊出器身进行检修。

4. 油枕

油枕又称为储油柜，是一种油保护装置，它是由钢板做成的圆桶形容器，水平安装在变压器油箱盖上，用弯曲管与油箱连接。油枕的一端装有一个油位计（油标管），从油位计中可以监视油位的变化。油枕的容积一般为变压器油箱所装油体积的 8%～10%。当变压器油的体积随着油的温度膨胀或缩小时，油枕起着储油及补油的作用，从而保证油箱内充满油。同时由于装了油枕，使变压器油缩小了与空气的接触面，减少了油的劣化速度。大型变压器为防止油与大气接触的机会，其油枕常用隔膜式油枕和胶囊式油枕。

5. 呼吸器

呼吸器又称为吸湿器，通常由一根管道和玻璃容器组成，内装干燥剂（硅胶或活性氧化铝）。当油枕内的空气随变压器油的体积膨胀或缩小时，排出或吸入的空气都经过呼吸器，呼吸器内的干燥剂吸收空气中的水分，对空气起过滤作用，从而保持油的清洁。浸有氯化钴的硅胶，其颗粒在干燥时是钴蓝色的，但是随着硅胶吸收水分接近饱和时，粒状硅胶将转变成粉白色或红色，据此可判断硅胶是否已失效。受潮后的硅胶可通过加热烘干而再生，当硅胶颗粒的颜色变成钴蓝色时，再生工作就完成了。

6. 压力释放装置

压力释放装置在保护电力变压器方面起着重要作用。充有变压器油电力变压器中，如果内部出现故障或短路，电弧放电就会在瞬间使油汽化，导致油箱内压力极快升高。如果不能极快释放该压力，油箱就会破裂，将易燃油喷射到很大的区域内，可能引起火灾，造成更大破坏，因此必须采取措施防止这种情况发生。压力释放装置有防爆管和压力释放器两种，防爆管用于小型变压器，压力释放器用于大、中型变压器。

（1）防爆管。又称喷油管，装于变压器的顶盖上，喇叭形的管子与大气连接，管口有薄膜封住。当变压器内部有故障时，油温升高，油剧烈分解产生大量气体，使油箱内压力剧增。当油箱内压力升高至 50kPa 时，防爆管薄膜破碎，油及气体由管口喷出，防止变压器的油箱爆炸或变形。

（2）压力释放器。与防爆管相比，具有开启压力误差小、延迟时间短（仅 2ms）、控制温度高、能重复动作使用等优点，故被广泛应用于大、中型变压器上。

压力释放器也称为减压器，它装在变压器油箱顶盖上，类似锅炉的安全阀。当油箱内压力超过规定值时压力释放器密封门（阀门）被顶开，气体排出，压力减小后，密封门靠弹簧压力又自行关闭。可在压力释放器投入前或检修时将其拆下来测定和校正其动作压力。压力释放器动作压力的调整，必须与气体继电器动作流速的整定相协调。压力释放器安装在油箱盖上部，一般还接有一段升高管使释放器的高度等于油枕的高度，以消除正常情况下油压静压差。

7. 散热器

散热器形式有瓦楞性、扇形、圆形、排管等，散热面积越大，散热的效果就越好。当变压器上层油温与下部油温有温差时，通过散热器形成油的对流，经散热器冷却后流回油箱，起到降低变压器温度的作用。为提高变压器冷却效果，可采用风冷、强迫油风冷和强迫油水冷等措施。散热器的主要故障是漏油。

8. 绝缘套管

变压器绕组的引出线从箱内穿出油箱引出时必须经过绝缘套管，以使带电的引线绝缘。绝缘套管主要由中心导电杆和磁套组成。导电杆在油箱内的一端与绕组连接，在外面的一端与外线路连接。它是变压器易出故障的部件。

绝缘套管的结构主要取决于电压等级。电压低的一般采用简单的实心磁套管。电压较高时，为了加强绝缘能力，在瓷套和导电杆间留有一道充油层，这种套管称为充油套管。电压在110kV以上，采用电容式充电套管，简称为电容式套管。电容式套管除了在瓷套内腔中充油外，在中心导电杆（空心铜管）与法兰之间，还有电容式绝缘体包着导电杆，作为法兰与导电杆之间的主绝缘。

变压器套管漏油是最常见的故障，套管漏油的原因是套管上部算盘珠状橡胶密封圈和套管底部橡胶平垫老化引起。

9. 分接开关

分接开关又称切换器，是调整变压比的装置。双绕组变压器的一次绕组及三绕组变压器的一、二次绕组一般有3、5、7个或19个分接头位置，分接头的中间分头为额定电压的位置。3个分接头的相邻分头电压相差5%，多个分头的相邻分头电压相差2.5%或1.25%。操作部分装于变压器顶部，经传动杆伸入变压器的油箱。根据系统运行的需要，按照指示的标记来选择分接头的位置。

变压器的高压装置分为无载调压和有载调压两种。无载分接开关，是在不带电情况下切换，其结构简单。有载分接开关是在不停电情况下切换，在带负荷下进行，故在电力系统中被广泛采用。

分接开关发生事故时，一般是瓦斯保护装置动作。变压器分接头一般都从高压侧抽头，主要原因在于：①变压器高压绕组一般在外侧，抽头引出连接方便；②高压侧电流小，因而引出线和分接头开关的载流部分导体截面小，接触不良的问题易于解决。

10. 气体继电器

气体继电器构成的瓦斯保护是变压器的主要保护措施之一，它可以反映变压器内部的各种故障及异常运行情况，如油位下降、绝缘击穿、铁芯、绕组等受潮、发热等放电故障等，且动作灵敏迅速，结构连线简单，维护检修方便。

气体继电器侧有两个坡度（图 4-17）：一个是沿气体继电器方向变压器大盖坡度，应为 1%～1.5%。变压器大盖坡度要求在安装变压器时从底部垫好；另一个则是变压器油箱到油枕连接管的坡度，应为 2%～4%（这个坡度是由厂家制造好的）。这两个坡度一是为了防止在变压器内储存空气，二是为了在故障时便于使气体迅速可靠地充入气体继电器，保证气体继电器正确动作。

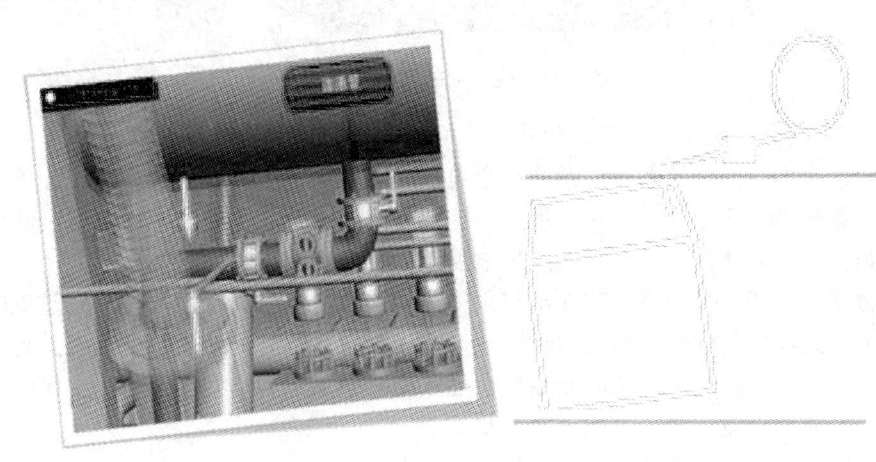

图 4-17　气体继电器的两个坡度

11. 净油器

净油器又称温差过滤器，是一个充满吸附剂（硅胶或活性氧化铝）的容器，它安装在变压器油箱的侧壁或强油冷却器的下部。在变压器运行时，由于上、下油层之间的温差，变压器油从上向下经过净油器形成对流。油与吸附剂接触，其中的水分、酸和氧化物等被吸收，使油质清洁，延长油的使用寿命。

三、油浸式变压器的油系统

油浸式变压器有几个互相隔离的独立油系统。在油浸式变压器运行时，这些独立油系统内的油是互不相通的，油质与运行工况也不相同，要分别做油中含气色谱分析以判断有无潜在故障。

1. 主体内油系统

与绕组周围的油相通的油系统（图 4-18）都是主体内系统，包括冷却器或散热器内的油，储油柜内的油，35kV 及以下注油式套管内油。

注油时必须将这个油系统内存储的气体放气塞放出，一般而言，上述部件都应有各自的放气塞。主体内油主要起绝缘与冷却作用。油还可增加绝缘纸或绝缘纸板的电气强度。在真空注油时，如有些部件不能承受与主体油箱能承受的相同真空强度时，应用临时闸隔离，如储油柜与主油箱间的闸阀。冷却器上潜油泵扬程要够，以免由于负压而吸入空气。这个油系统要有释压装置的保护系统，以排除器身有故障时所产生的压力。

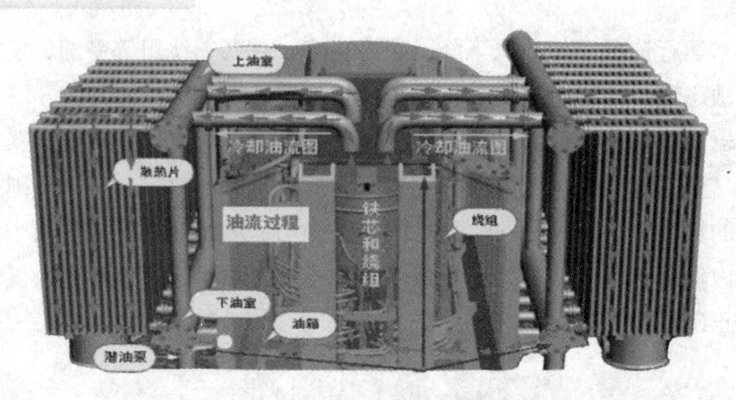

图 4-18 变压器的油系统循环

2. 有载分接开关切换开关室内的油

这部分油有本身的保护系统，即流动继电器、储油柜、压力释放阀。这个开关室内的油起绝缘与熄灭电流作用。油会在切换开关切断负载电流时产生的油中去，这个油系统要良好的密封性能，即使在切换过程中产生电弧压力也要保护密封性能。

有载分接开关切换开关室内的油虽与主体内油隔离，但在真空注油时，为避免破坏切换开关室的密封，应与主体内油同时真空注油，在真空注油时，使这两个系统具有相同的真空度，必要时也应将这个系统的储油柜在抽真空时隔离。为结构上方便，主体的储油与切换开关室的储油柜设计成一互相隔离的整体。

3. 60kV 及以上电压等级的油全密封

这个油系统内的油主要起绝缘作用，或增加油电容式套管内绝缘纸的电气强度。在主体内注油时，应将套管端部接线端子密封好，以免进气。

4. 高压出线箱内油或电气出线箱内油

三相 500kV 变压器的高压出线通过波纹绝缘隔离油系统，这个油系统主要起绝缘作用。为简化结构，这个油系统也可通过连管与主体内油系统相连或设计成单独的油系统。

5. 在对油浸式变压器进行各种绝缘试验

首先是放气，通过放气塞释放可能存储的气体。可通过分析各个系统的油中含气色谱分析可预判有无潜在故障。每一油系统都要满足运行的要求，如吸收油膨胀与收缩时油体积的变化，放油用阀门、放气塞、冷却器与散热器与主油箱的隔离阀等。每一油系统具有良好的密封性能，有载分接开关切换开关室内的油应能单独更换而不放出主体内油，运输时主体内油可放出而充干燥氮气。

油浸式变压器低压绕组除小容量采用铜导线以外，一般都采用铜箔绕抽的圆筒式结构；高压绕组采用多层圆筒式结构，使之绕组的安匝分布平衡，漏磁小，机械强度高，抗短路能力强。铁芯和绕组各自采用了紧固措施，器身高、低压引线等紧固部分都带自锁防松螺母，采用了不吊心结构，能承受运输的颠震。线圈和铁芯采用真空干燥，变压器油采用真空滤油和注油的工艺，使变压器内部的潮气降至最低。油箱采用波纹片，它具有呼吸功能来补偿因温度变化而引起油的体积变化，所以该产品没有储油柜，显然降低了变压器的高度。由于波纹片取代了储油柜，使变压器油与外界隔离，这样就有效地防止了氧气、水分的进入而导致绝缘性能的下降。根据以上五点性能，保证了油浸式变压器在正常运行内不需要换油，大大降低了变压器的维护成本，同时延长了变压器的使用寿命。

四、变压器的巡视与检查

1. 变压器运行前的检查

（1）检查变压器电源侧中性点是否已可靠接地（停送电应直接接地）。

（2）检查各保护装置、断路器整定值和动作灵敏度是否良好。

（3）检查继电保护、如气体继电器、温度计、压力释放器及套管式电流互感器测量回路，保护回路与控制回路接线是否正确，必要时进行短路联动实验。

（4）检查套管式电流互感器不带负荷的是否已短接，不允许开路运行。

（5）检查冷却器风扇投入和退出正常。

（6）检查储油柜呼吸器是否正常通畅。

（7）检查分接开关的位置，三相是否一致，有载调变压器应检查快速机构，操作箱及远程显示器，动作数据是否一致。

（8）检查储油面高度，有无假油位。

（9）检查接地系统是否可靠正确，如：有载调压开关中性点。

（10）检查变压器铁芯必须保证一点接地，不能形成回路。

（11）检查油箱是否可靠接地。

（12）检查投入运行组件阀门，是否呈开启位置。（事故放油阀除外必须对气体继电器再次排气）

（13）查对保护定值。

（14）空载冲击合闸时，气体继电器须必须作用于跳闸。

2. 变压器投入正常运行后的检查

（1）在试运行阶段，应经常检查油面温度、油位变化，储油柜有无冒油或油位下降现象。

（2）查看、视听变压器运行声音是否正常，有无爆裂等杂音，冷却系统运转正常，备用及辅助冷却器能正常投入和切除。

（3）经试运行正常后，可认为变压器已投入运行。

3. 正常运行及日常检查

（1）投入运行的变压器每年取油样进行试验，如耐压值下降快应进行过滤，如下降到40kV/标准油杯时，应停运，如发现有碳化物，必须进行吊罩检查。

（2）保证油温在 65℃以下运行，如冷却器电源故障，风扇停运时，上层油温应低于75℃，可带额定负荷。

（3）检查本体及铁芯接地情况，避免开路现象。

（4）检查有载调压开关，并记录操作次数。

（5）检查浸油器、吸潮器内硅胶，受潮率达 60%应更换。

（6）定期测量绝缘油电气强度。

（7）检查继电器保护（气体继电器、压力释放阀等）和差动保护接点回路，接线是否松动、牢靠、端子有无老化。

（8）检查装配螺栓是否松动，密封衬垫有无渗油情况。

如检查以上项目发现问题，应立即通知检修修复，并做好记录。

4. 变压器的一般巡视检查内容和要求

（1）储油柜和充油套管的油位、油色是否正常，器身及套管有无渗、漏油现象。

（2）变压器上层油温是否正常。

（3）变压器声音是否正常。

（4）瓷瓶套管应清洁、无破损、无裂纹或打火现象。

（5）冷却器运行正常。

（6）引线接头接触良好，不发热，触头温度不超过70℃。

（7）吸潮器油封应正常，呼吸畅通。硅胶变色不应超过总量的60%，否则应更换硅胶。

（8）防爆管玻璃膜片应完整无裂纹、无积油，压力释放器无喷油痕迹。

（9）气体继电器与储油柜间连接阀门应打开，气体继电器内无气体，且充满油。

（10）变压器铁芯接地和外壳接地应完好。

（11）有载调压分接开关应指示正确，位置指示一致。

5. 变压器的特殊巡视和检查内容

（1）气温骤变时，检查储油柜和瓷套管油位是否有明显的下降，各侧连接引线是否有过紧或断股情况。

（2）大风、雷雨、冰雹后，检查引线摆动情况、有无断股、设备上有无其他杂物，瓷瓶套管有无放电痕迹及破裂现象。

（3）浓雾、毛雨、下雪时，瓷瓶套管有无沿表面闪络和放电，各接头在小雨中或落雪后，不应有水蒸气或立即融化，否则表示该接头运行温度比较高，应用红外测温仪进一步检查。

（4）瓦斯保护动作后，应立即进行检查。

（5）过负荷运行时，应检查并记录负荷电流，检查油温和油位的变化，检查变压器的声音是否正常，检查接头是否过热，冷却器投入数量是否足够，运行是否正常，防爆膜、压力释放器是否动作。

（6）变压器发生短路故障或穿越性故障时，应检查变压器有无喷油、油色是否变黑、油温是否正常，电气连接部分有无发热、熔断、瓷瓶绝缘有无破裂，接地引下线有无烧断。

6. 变压器运行检查

变压器运行中发生下列情况，应立即停运并检查本体：

（1）变压器油温超过允许值。

（2）因大量漏油，油面急剧下降不能处理时。

（3）变压器内部声音异常，有爆裂声。

（4）在正常冷却条件、正常负荷下，油温不正常上升。

（5）压力释放阀、储油柜、开关防爆膜破裂喷油时。

（6）油色变化严重，油内出现碳质。

（7）套管严重损坏，有放电现象时。

（8）不停电无法消除对人身的伤害及威胁或会造成其他严重事故。

（9）变压器失火。

7. 有载调压装置的检查内容

（1）操作机构箱及传动轴完整良好，箱门关闭，手动转轴接口罩盖位置正确。

（2）有载调压机构箱分接头位置与控制室显示器指示的位置相符。

（3）机构箱内各附件完整，接线牢固，无受潮霉变现象。电源小开关位置与实际状态相符、机构传动齿轮盒油面平面在红线位置、控制熔丝良好，有载调压操作计数器动作正常。

（4）装置的油枕油位指示正常，油色透明，不渗油漏油。

（5）装置的气体继电器内无气体，连通管上的阀门均在开启连通位置。

第三节　发电机的运行

一、风力发电机的结构

风力发电是利用风力带动风车叶片旋转，再通过增速机将旋转的速度提升，来促使发电机发电。

小型风力发电系统效率很高，但它不是只由一个发电机头组成的，而是由风力发电机、充电器、数字逆变器组成。风力发电机由机头、转体、尾翼、叶片组成。每一部分都很重要，各部分功能为：叶片用来接受风力并通过机头转为电能；尾翼使叶片始终对着来风的方向从而获得最大的风能；转体能使机头灵活地转动以实现尾翼调整方向的功能；机头的转子是永磁体，定子绕组切割磁力线产生电能。

从风力发电机结构示意图（图4-19）可以看出：风力发电机因风量不稳定，故其输出的是13～25V变化的交流电，须经充电器整流，再对蓄电瓶充电，使风力发电机产生的电能变成化学能；然后用有保护电路的逆变电源，把电瓶里的化学能转变成交流220V市电，才能保证稳定使用。

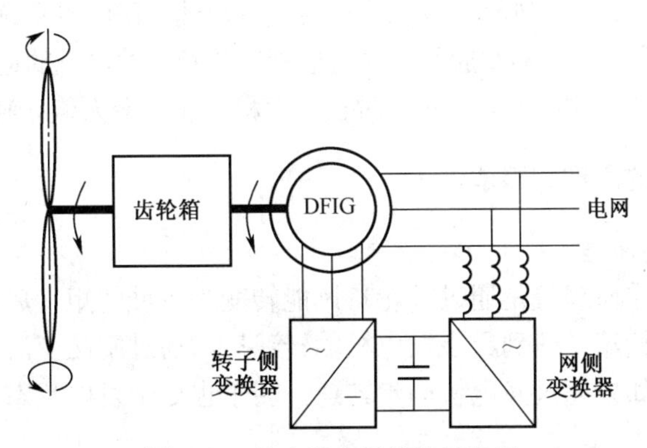

图4-19　风力发电机结构示意图

通常人们认为，风力发电的功率完全由风力发电机的功率决定，总想选购大一点的风力发电机，是不正确的。风力发电机结构图显示：目前的风力发电机只是给电瓶充电，而由电瓶把电能储存起来，人们最终使用电功率的大小与电瓶大小有更密切的关系。功率的大小更主要取决于风量的大小，而不仅是机头功率的大小。在内地，小的风力发电机会比大的更合适。因为它更容易被小风量带动而发电，持续不断的小风，会比一时狂风更能供给较大的能量。当无风时人们还可以正常使用风力带来的电能，也就是说一台200W风力发电机也可以通过大电瓶与逆变器的配合使用，获得500W甚至1000W乃至更大的功率出。

现代变速双馈风力发电机的工作原理就是通过叶轮将风能转变为机械转矩（风轮转动惯量），通过主轴传动链，经过齿轮箱增速到异步发电机的转速后，通过励磁变流器励磁而将发电机的定子电能并入电网。如果超过发电机同步转速，转子也处于发电状态，通过变流器向电网馈电。

最简单的风力发电机可由叶轮和发电机两部分构成，立在一定高度的塔干上，这是小型离网风机。最初的风力发电机发出的电能随风变化时有时无，电压和频率不稳定，没有实际应用价值。为了解决这些问题，现代风机增加了齿轮箱、偏航系统、液压系统、刹车系统和控制系统等。

齿轮箱可以将很低的风轮转速（1500kW 的风机通常为 12～22r/min）变为很高的发电机转速（发电机同步转速通常为 1500r/min）。同时也使得发电机易于控制，实现稳定的频率和电压输出。偏航系统可以使风轮扫掠面积总是垂直于主风向。要知道，1500kW 的风机机舱总重 50 多 t，叶轮 30t，使这样一个系统随时对准主风向也有相当的技术难度。

风机是有许多转动部件的，机舱在水平面旋转，随时偏航对准风向；风轮沿水平轴旋转，以便产生动力扭矩。对变桨距风机，组成风轮的叶片要围绕根部的中心轴旋转，以便适应不同的风况而变桨距。在停机时，叶片要顺桨，以便形成阻尼刹车。

早期采用液压系统用于调节叶片桨距（同时作为阻尼、停机、刹车等状态下使用），现在电变距系统逐步取代液压变距。

就 1500kW 风机而言，一般在 4m/s 左右的风速自动启动，在 13m/s 左右发出额定功率。然后，随着风速的增加，一直控制在额定功率附近发电，直到风速达到 25m/s 时自动停机。

现代风机的设计极限风速为 60～70m/s，也就是说在这么大的风速下风机也不会立即破坏。理论上的 12 级飓风，其风速范围也仅为 32.7～36.9m/s。

风力发电机结构图显示：风机的控制系统要根据风速、风向对系统加以控制，在稳定的电压和频率下运行，自动地并网和脱网；同时监视齿轮箱、发电机的运行温度，液压系统的油压，对出现的任何异常进行报警，必要时自动停机，属于无人值守独立发电系统单元。

二、风力发电机的原理和组成

1. 风力发电机的原理

风力发电机的工作原理就是通过叶轮将风能转变为机械转矩（风轮转动惯量），通过主轴传动链，经过齿轮箱增速到异步发电机的转速后，通过励磁变流器励磁而将发电机的定子电能并入电网。如果超过发电机同步转速，转子也处于发电状态，通过变流器向电网馈电。

2. 并网型风力发电机的组成

（1）风轮（叶片和轮毂）。为捕获风能的关键设备，一般由 3 个叶片组成，所捕获的风能大小直接决定风轮的转速。

（2）传动系统。为风轮与发电机的连接纽带。齿轮箱是其关键部件。通过齿轮箱，风轮的低转速才能使发电机以接近额定的转速旋转，达到并网发电的目的。

（3）偏航系统。使风轮的扫掠面始终与风向垂直，以最大限度地提升风轮对风能的捕获能力，并同时减少风轮的载荷。

（4）液压系统。为变矩机构和制动系统提供动力来源。

（5）制动系统。使风轮减速和停止运转的系统。

（6）发电机。其作用是将风轮的机械能转化为电能。

（7）控制与安全系统。控制系统包括控制和监测两部分。监测部分将采集到的数据送到控制器，控制器以此为依据完成对风力发电机组的偏航控制、功率控制、开停机控制等控制功能。

（8）塔筒。为风力发电机组的支撑部件。它使风轮到达设计中规定的高度。其内部还是动力电缆、控制电缆、通信电缆和人员进出的通道。

（9）基础。为钢筋混凝土结构，承载整个风力发电机组的重量。基础周围设置有预防雷击的接地系统。

（10）机舱。风力发电机组的机舱承担容纳所有的机械部件，承受所有外力（包括静负载及动负载）的作用。

三、风力发电机的分类

1. 按风力发电机旋转轴的区别分类

根据风力发电机旋转轴的区别，风力发电机可以分为水平轴风力发电机和垂直轴风力发电机。

（1）水平轴风力发电机。旋转轴与叶片垂直，一般与地面平行，旋转轴处于水平的风力发电机。

（2）垂直轴风力发电机。旋转轴与叶片平行，一般与地面吹垂直，旋转轴处于垂直的风力发电机。垂直轴风力发电机目前占市场主流的是水平轴风力发电机，平时说的风力发电机通常也是指水平轴风力发电机。目前水平轴风力发电机的功率最大已经做到了 5MW 左右。垂直轴风力发电机虽然最早被人类利用，但是用来发电还是近 10 多年的事。与传统的水平轴风力发电机相比，垂直轴风力发电机具有不用对风向，转速低，无噪音等优点，但同时也存在启动风速高，结构复杂等缺点，这都制约了垂直轴风力发电机的应用。

2. 按定桨距失速型风机和变速恒频变桨距风机的特点分类

根据定桨距失速型风机和变速恒频变桨距风机的特点，国内目前装机的电机一般分为两类。

（1）异步型。

1）笼型异步发电机。定子向电网输送不同功率的 50Hz 交流电。

2）绕线式双馈异步发电机。功率为 1500kW，定子向电网输送 50Hz 交流电，转子由变频器控制，向电网间接输送有功或无功功率。

（2）同步型。

1）永磁同步发电机。功率为 750kW、1200kW、1500kW，由永磁体产生磁场，定子输出经全功率整流逆变后向电网输送 50Hz 交流电。

2）电励磁同步发电机。由外接到转子上的直流电流产生磁场，定子输出经全功率整流逆变后向电网输送 50Hz 交流电。

四、风力发电的特点

（1）风能是取之不尽，用之不竭的清洁、无污染、可再生能源，用它发电十分有利。

与火力发电、燃油发电、核电相比，它无需购买燃料，也无需支付运费，更无需对发电残渣，大气进行环保治理。风力发电是绿色能源。风力发电是财神爷，风来、发电、生财。风是财富，风是大自然对人类的无私奉献。

（2）风力发电有很强的地域性，不是任何地方都可以建站的，它必须建在风力资源丰富的地方，即风速大、持续时间长。风力资源大小与地势、地貌有关，山口、海岛常是优选地址。如新疆达坂城，年平均风速 6.2m/s；内蒙古辉腾锡勒，年平均风速为 7.2m/s；江西鄱阳湖，年平均风速 7.6m/s；河北张北，年平均风速 6.8m/s；辽宁东港，年平均风速 6.7m/s；广东南澳，年平均风速 8.5m/s；福建平潭岛全县年平均风速 8.4m/s，平潭县海潭岛，年平均风速为 8.5m/s，年可发电风时数为 3343h，为目前中国之冠（以上数字引自“全国风力发电信息中心的并网风电场介绍”）。南海的南沙群岛一年连续刮六级以上大风有 160 天。在我国还有许多这样的地方正等待我们去发现。

（3）风的季节性，决定了风力发电在整个电网中处于“配角”地位。对它的使用有三种运行方式：

1）能源利用：风力发电机，机群并网运行。有风发电，电能送入电网，无风不发电。

2）无电网的高山、海岛、牧区，风力发电机与柴油发电机并联运行。有风时风力发电，无风时柴油发电机发电。对用户来说时时都有电。

3）同上无电网地区，要求不使用柴油发电，时时有电供应，采用蓄电池储能的 AC—DC—AC，即交—直—交风力发电系统。也就是有风时，风力发电机发出交流电，经整流为直流电对蓄电池充电。再利用电力电子器件制造的“逆变器”将蓄电池中的直流电转化为三相恒频恒压的交流电。这种系统多用在高山雷达站、微波中继站，海洋灯塔，航标灯场合。

五、风电机组运行监测

（1）天气。风电场运行人员每天应按时上网查询和记录当地天气预报，作好风电场安全运行的事故预想和对策。

（2）风电机组参数。运行人员每天应定时通过主控室计算机的中央监控系统监视风电机组各项参数变化情况。

（3）对风电机组参数变化的处理。运行人员应根据计算机中央监控系统显示的风电机组运行参数，检查分析各项参数变化情况，并根据变化情况作出必要处理。同时在运行日志上写明原因，进行故障记录与统计。

（4）温度监测。在风电机组运行过程中，控制器持续监测风电机组的主要零部件和主要位置的温度，同时控制器保存了这些温度的极限值（最大值、最小值）。温度监测主要用于控制开启和关停泵类负荷、风扇、风向标和风速仪、发电机等的加热器等设备。

这些温度值也用于故障检测，也就是指如果任何一个被监测到的温度值超出上限值或低于下限值，控制器将停止风电机组运行。此类故障都属于能够自动复位的故障，当温度达到复位限值范围内，控制器自动复位该故障并执行自动启动。

（5）转速数据。叶轮转速和发电机转速由安装在风电机组齿形盘的转速传感器（接近开关）采集，控制器把传感器发出的脉冲信号转换成转速值。叶轮和发电机转速被实时监测，一旦出现叶轮过速，风电机组将停止运行；同样的，对发电机转速监测，如果转速超过设定的极限，控制器将命令风电机组停止运行。

转速传感器的自检方法：当风电机组的转子旋转时，两个传感器将按照齿形盘固定的变比规律地发出信号，如果两个传感器中的任何一个未发出信号，风电机组都会报故障停止。

（6）电压。三相电压始终连续检测，这些检测值被储存并进行平均计算。电压测量值、电流和功率因数值用来计算风电机组的产量和消耗。电压值还用于监测过电压和低电压以便保护风电机组。

（7）电流。三相电流始终连续检测，这些检测值被储存并进行平均计算。电压、电流测量值和其他一些数据一起用来计算风电机组的产量和消耗。电流值还用来监视发电机切入电网过程。在发电机并网后的运行期间，连续检测电流值以监视三相负荷是否平衡。如果三相电流不对称程度过高，风电机组将停机并显示错误信息。电流检测值也用于监视一相或几相电流是否有故障。

（8）频率。连续检测三相中一相（L_1 相）的频率，这些检测值被储存并进行平均计算。一旦检测到频率值超过或低于规定值，风电机组会立即停止。

（9）功率因数。连续监测三相平均功率因数。电压、电流和功率因数测量值与其他数据一起用于计算风电机组的产量和消耗，功率因数还用来计算风电机组的无功功率消耗。

（10）有功功率输出。三相有功功率是被连续检测的，这些检测值被储存并进行不同的平均计算。根据各相输出功率测量值，计算出三相总的输出功率，用以计算有功电度产量和消耗。有功功率值还作为风电机组过发或欠发的停机条件。

（11）无功功率输出。三相无功功率是被连续检测的，这些检测值被储存并进行不同的平均计算。根据各相输出功率测量值，计算出三相总的输出功率，用以计算无功电度产量和消耗。

（12）振动保护。振动保护装置安装在风电机组顶舱控制柜中，当振动值大于设定值时，振动保护装置向控制器发出振动信号。

水平面上发生的机械振动是由安装在底座上的振动监测器检测的。如果振幅超出限定值，振动开关动作，安全链断开，执行紧急停机。

（13）扭缆。由于机舱自动对风的特点，从机舱到塔架底部控制柜的电缆有可能被扭结。当电缆扭缆 2.5 圈后，PLC 发指令使机舱解缆至自由状态，叶轮因静风而静止。如果扭缆 3 圈后还未进行解缆过程，则执行刹车过程，停机，并解缆。当风机的扭缆开关被触发后风机停机并报故障。

（14）控制系统自检。如果监测到内部故障（看门狗），安全输出失效，安全链断开。

六、风电机组日常巡视

运行人员应定期对风电机组测风装置、升压站、场内高压配电线路进行巡回检查，发现缺陷及时处理，并登记在缺陷记录本上。当机组非正常运行、或新设备投入运行时，需要增加巡回检查内容及次数。

1. 总体检查

（1）检查全部零部件的裂纹、损伤、防腐和渗漏，如有裂纹、损伤等破损情况应停机并报告风电场值长，如有防腐破损应进行修补，对渗漏应找到原因，进行修理并报告风电场场长。

（2）检查风机的运行噪音，因叶片内部脱落的聚氨酯小颗粒所产生“沙拉沙拉”的声音，这是正常的，但一般仅在叶片缓慢运转时可以听到。如果发现与风机正常运行有异常噪音，应报告风电场值长。

（3）检查灭火器和警告标志以及防坠落装置的功能是否完好。

2. 对风机的外围进行检查

（1）用望远镜仔细观察叶片的外壳有无裂纹、凹痕和破损。

（2）检查箱变的外观是否有破损，电缆是否老化，油箱是否漏油，油色是否正常，油位是否在标准范围之内。接触点良好，有无脱落迹象。

（3）检查塔筒的楼梯门锁是否良好，有无人为破坏。开门后要记得将门打开固定，以免意外受伤。

3. 变流器

（1）检查电缆绝缘是否有老化现象。

（2）检查保护隔板，电缆接头，电缆连接和接地线。

（3）检测通风，检查温度传感器是否能控制风扇工作（通过软件更改温度参数控制风扇动作）。

4. 控制系统

（1）检查电缆，是否有老化现象。

（2）检查柜体内是否有杂物，并清洁柜体。

（3）检查柜体内螺栓是否有松动和锈蚀现象。

（4）清洁空气过滤器。

（5）清洁通风滤网并检测通风，检查温度传感器是否能控制风扇工作（通过软件更改温度参数控制风扇动作）。

5. 低压开关柜

（1）检查柜体内螺栓是否松动，检查电缆连接情况，检查保护隔板，清洁柜体。

（2）检查熔断指示器，正常显示为绿色。

6. 电抗器

（1）检查电抗器、变压器上的螺栓是否松动，如有松动，紧固。

（2）检查电缆是否老化。

（3）检查是否有杂物，清洁塔架下平台。

（4）检测通风，检查温度传感器是否能控制风扇工作（通过软件更改温度参数控制风扇动作）。

7. 塔筒内电气设备检查

（1）检查紧急照明，塔筒内所有照明设备在上电后是否全部正常工作。

（2）检查塔筒内电气插座，上电时所有插座需能够正常工作在断电后插座能够正常断开，且无漏电现象。

（3）所有动力、信号电缆应固定在塔筒内电缆夹板上，不应存在未固定现象或电缆夹板松动电缆未夹紧现象。

（4）目测检查电缆有无磨损或开裂现象。

第四节　倒　闸　操　作

电气设备分为四种状态，即运行状态、热备用状态、冷备用状态、检修状态。这四种状态可以相互倒换，这种使电气设备从一种状态转换到另外一种状态的过程，称为倒闸操作，其目的是改变系统运行方式或设备使用状态。倒闸操作必须根据调度管辖范围，实行分级管理。倒闸操作是电气值班人员日常最重要的工作之一，一切正确的倒闸操作都是操作人员严格执行规章制度、充分发挥应有的技术水平、高度的责任心，三者完美结合的产物。

事故处理所进行的操作，实际上是特定条件下的紧急倒闸，规定不用填写操作票，但心中要有一个操作票，要有一个运行方式图，不能不顾操作程序随意进行操作。

一、闸操作注意事项

（1）推上刀闸之前应先检查开关的现场实际位置，严防带负荷拉刀闸。

（2）变、电压互感器停电，应先断开二次侧，再断开一次侧，送电操作顺序与上述顺序相反。

（3）工作母线与旁路母线倒闸操作前，必须检查母联开关和刀闸在合闸位置，并断开母联开关的操作电源。

（4）补偿电容器组退出后，至少间隔 5min 后方可再次投入。

（5）刀闸远方操作后，需现场检查刀闸实际位置。

（6）故障开关跳闸后不得立即强送电，应根据调度员命令后方可送电。

（7）调度管辖的设备，未经值班调度员许可，不得将设备从运行或备用中退出，或将停用、备用设备投入，但对人员或设备安全有威胁时，可以先操作，但事后必须立即向调度员汇报。

（8）电气误操作闭锁装置是防止误操作的一种重要装置，运行人员对其要管好用好，严禁随意解除，应按规定程序使用操作。

二、倒闸操作原则

（一）解、合环操作

将环状运行的电网解开，变为非环状的电网就是解环操作。解环操作应先检查解环点的有功、无功潮流，确保解环后系统各部分电压在规定的范围内，不超过系统稳定和设备容量的限额。合环操作就是合上网络内某台开关，将网络改为环路运行，因此，合环操作必须相位相同，操作前应考虑合环点两侧的相角差和电压差，确保合环后系统稳定和设备不超铭牌规定值运行。

（二）变压器的送电、停电操作

变压器投运时，一般先从电源侧对其充电，后和上负荷侧开关，也就是在高压侧停（送）电，中压侧解（合）环，在此之前应将低压侧的负荷停电或转移，变压器停电操作顺序与此相反。向空载变压器充电时，充电开关必须有完备的保护，并且有足够的灵敏度，同时还要考虑励磁涌流对保护的影响，非电量保护在变压器送电后应将其出口跳闸压板退出，只投信号。主变压器投运前应开启其冷却装置，变压器送电时，重瓦斯保护必须投入跳闸位置，变压器的送电或停电必须用开关进行，不允许用刀闸进行空载变压器的停、送电操作。500kV 主变的中性点在送点前必须牢固接地，冷却器应在充电前半小时启动运行。

（三）开关的操作

开关合闸前，应检查有关保护已按规定加用，合闸后应检查开关三相均已合上，三相电流基本平衡。用旁路开关代其他开关运行前，应先将旁路开关保护按所代开关的保护定值整定并加用，确认旁路开关三相均已合上后，才能断开被代路开关。如果开关的遮断容量不能满足安装点短路容量，该开关的单相重合闸必须停用。

（四）刀闸的操作

刀闸的操作必须在开关三相断开后进行，允许用刀闸进行以下操作：

（1）推、拉无故障的 TV 和避雷器（无缺陷和无雷雨时）。

（2）用刀闸断、合变压器中性点（只对小电流接地系统而言，并且在该系统无接地故障发生时才能如此操作）。

（3）推、拉经开关或刀闸闭合的旁路电流（在推、拉经开关闭合的旁路电流时，先将开关的操作电源退出）。

（4）推、拉一个半开关接线方式的母线环流（同样，开关跳闸电源要退出）。

一般情况下，不进行 500kV 刀闸推、拉短线和母线的操作，如需进行此类操作，必须经过本单位总工同意。

（五）线路操作

（1）220kV 及以上线路停、送电操作时，都应考虑电压和潮流的变化，特别注意使非停电线路不过负荷运行，使线路输送的功率不超过稳定极限，停送电线路的末端电压不超过允许值。对长线充电时，应防止发电机自励及线路末端电压的上升，使非停电线路的保护不误动。

（2）对线路充电时，充电线路的开关必须至少有一套完备的继电保护，充电端必须有变压器中性点接地，以提高保护灵敏度。

（3）检修后相位可能发生变化的线路必须校对相位，防止短路故障的发生。

（六）500kV 并联电抗器操作

（1）并联电抗器送电前，其保护（含非电量出口跳闸保护）、远方跳闸装置必须正常加用。

（2）必须先投电抗器，再送 500kV 线路，也就是线路不能脱离电抗器单独运行。

（3）电抗器停电时，必须先将其所在的 500kV 线路停电后才能退出电抗器。

（七）倒闸操作时继电保护及自动装置的使用原则

（1）设备不允许无保护运行。一切新设备均应按照《继电保护和安全自动装置技术规程》的规定，配置足够的保护及自动装置。设备送电前，保护及自动装置应齐全，图纸、整定值应正确，传动良好，压板在规定位置。

（2）倒闸操作中或设备停电后，如无特殊要求，一般不必操作保护或断开压板。但在下列情况要特别注意，必须采取措施：

1）倒闸操作将影响某些保护的工作条件，可能引起误动作，则应提前停用。如电压互感器停电前，低电压保护应先停用。

2）运行方式的变化将破坏某些保护的工作原理，有可能发生误动时，倒闸操作前也必须将这些保护停用。如当双回线接在不同母线上，且母联断路器断开运行时，线路横联差动保护应停用。

3）操作过程中可能诱发某些装置动作时，应预先停用。如母线充电时可能会引起母差保护误动作时。

（3）设备虽已停电，如该设备的保护动作（包括校验、传动）后，仍会引起运行设备断路器跳闸时，也应将有关保护停用，压板断开。例如，一台断路器控制两台变压器，应将停电变压器的重瓦斯保护压板断开；变压器检修，应将过电流保护跳其他设备（主变压器、母联及分段断路器）的跳闸压板断开。

（八）验电时的要求及注意事项

验电操作，要态度认真，克服可有可无的思想，避免因走过场而流于形式；要掌握正确的判断方法和要领。

如某发电厂 10kV 线路停电后验电，验电器亮，监护人判断线路上仍带电，操作人认为是静电。发生疑问后停止操作，报告调度，经检查证实是用户变电所“漏”拉了一组隔离开关，向发电厂反送电。由于及时进行了纠正，避免了带电挂地线的事故。另一发电厂，用绝缘拉杆在一条 35kV 双电源线路上验电。该线路本侧断路器及隔离开关已拉开，但线路对端变电所的断路器尚未拉开，故线路上有电。用绝缘拉杆验电时，已经听到“吱吱”的放电声，操作人员竟错把有电当静电，继续操作合上线路侧的接地刀闸，引起三相短路。通过以上两例说明，验电操作是一项要求高、很重要的工作，切不可疏忽大意。

1. 验电的要求

（1）高压验电，操作人必须戴绝缘手套。

（2）验电时，必须使用试验合格、在有效期内、符合该系统电压等级的验电器。特别要禁止与不符合系统电压等级的验电器混用。因为，在低压系统使用电压等级高的验电器，有电也可能验不出来；反之，操作人员安全得不到保证。

（3）雨天室外验电，禁止使用普通（不防水）的验电器或绝缘拉杆，以免受潮闪络或沿面放电，引起人身事故。

（4）先在有电的设备上检查验电器，应确证良好。

（5）在停电设备的两侧（如断路器的两侧、变压器的高低压侧等）以及需要短路接地的部位，分相进行验电。

2. 验电的方法

（1）试验验电器，不必直接接触带电导体。通常验电器清晰发光电压不大于额定电压的 25%。因此，完好的验电器只要靠近带电体（6kV、10kV、35kV 系统，分别约为 150mm、250mm、500mm），就会发光（或有声光报警）。

（2）用绝缘拉杆验电要防止勾住或顶着导体。室外设备架构高，用绝缘拉杆验电，只能根据有无火花及放电声判断设备是否带电，不直观，难度大。白天．火花看不清，主要靠听放电声。变电所背景噪声很大，精神稍不集中，极易作出错误判断。因此，操作方法很重要。验电时如绝缘拉杆勾住或顶着导体，即使有电也不会有火花和放电声。因为实接不具备放电间隙。正确的方法是绝缘拉杆与导体应保持虚接或在导体表面来回蹭，如设备有电，通过放电间隙就会产生火花和放电声。

（3）正确掌握区分有无电压是验电的关键。可参考以下方法进行判断。

1）有电。因工作电压的电场强度强，验电器靠近导体一定距离，就发光（或有声光报警），显示设备有工作电压；之后，验电器离带电体越近，亮度（或声音）就越强。操作人细心观察、拿握这一点对判断设备是否带电非常重要。用绝缘拉杆验电，有“吱吱”放电声。

2）静电。静电对地电位不高，电场强度微弱，验电时验电器不亮，与导体接触后，有时才发光；但随着导体上静电荷通过验电器—人体—大地放电，验电器亮度由强变弱，最后熄灭。停电后在高压长电缆上验电时，就会遇到这种现象。

3）感应电。与静电差不多，电位较低，一般情况验电时验电器不亮。

4）在低压回路验电，如验电笔亮，可借助万用表来区别是哪种性质的电压。将万用表的电压挡放在不同量程上，测得的对地电压为同一数值，可能是工作电压；量程越大（内阻越高），测得的电压越高，可能是静电或感应电压。

三、倒闸操作前的准备

1. 倒闸操作前应考虑的问题

（1）改变后的运行方式是否正确、合理及可靠。为此，在确定运行方式时，应优先采用运行规程中规定的各种运行方式，使电气设备及继电保护尽可能处在最佳状态运行；制定临时运行方式时，应根据以下原则：

1）保证设备出力、满发满供，不窝出力、不过负荷。

2）保证运行的经济性、系统功率潮流合理，机组能较经济地分配负荷。

3）保证短路容量在电气设备的允许范围之内。

4）保证继电保护及自动装置正确运行及配合。

5）站用电可靠。

6）运行方式灵活，操作简单，处理事故方便。

（2）倒闸操作是否会影响继电保护及自动装置的运行。在倒闸操作过程中，如果预料有可能引起某些保护或自动装置误动或失去正确配合，要提前采取措施或将其停用，这个主要是母差保护或距离保护。

（3）要严格把关，防止误送电，避免发生设备事故及人身触电事故，为此，在倒闸操作前应遵守以下要求：

1）在送电的设备及系统上，不得有人工作，工作票应全部收回。同时设备要具备以下运行条件：

a．发电厂或变电所的设备送电，线路及用户的设备必须具备受电条件。

b．一次设备送电，相应的二次设备（控制、保护、信号、自动装置等）应处于相对应状态。

c．电动机送电，所带风扇等机械设备必须具备转动条件。

d．防止下错令，将检修中的设备误接入系统送电。

2）设备预防性试验合格，绝缘电阻符合规程要求，无影响运行的重大缺陷。

3）严禁约时停送电、约时拆挂地线或约时检修设备。

4）新建电厂或变电站，在基建、安装、调试结束及工程验收后，设备正式投运前，应经本单位主管领导同意及电网调度所下令批准，方可投入运行，以免忙中出错。

5）制订倒闸操作中防止设备异常的各项安全技术措施，并进行必要的准备。

6）进行事故预想。电网及变电站的重大操作，调度员及操作人员均应做好事故预想；事故预想要从电气操作可能出现的最坏情况出发，结合本专业的实际，全面考虑．拟定的对策及应急措施要具体可行。

2. 倒闸操作前应做好的准备

（1）接受操作任务。操作任务通常由调度员或值长下达，是进行倒闸操作准备的依据。有计划的复杂操作或重大操作应尽早通知，尽早准备，接受操作任务后，值班负责人要首先明确操作人和监护人。

（2）确定操作方案。根据当班设备的实际运行方式，按照规程规定，结合检修工作票的内容及地线位置，结合调度的停送电方案，综合考虑后确定操作方案和操作步骤（实际工作中调度对新设备试运行告知运行人员停送电方案，对运用中的设备不注意告知运行人员停送电方案，使运行人员不能够按票操作，运行人员要注意多问）。

（3）填写操作票。操作票的内容及步骤，是操作任务、操作意图及操作方案的具体化，是正确执行操作的基础和关键。填写操作票务必严肃、认真、正确（现在微机开票了，容易犯不管哪一年哪一月的操作票，拉出来不认真审查就用的毛病）。

（4）准备操作用具及安全用具，并进行检查。

此外，准备停电的设备如带有其他负荷，倒闸操作的准备工作还包括将这些负荷倒出的操作。

第五章　仿真系统电力设备操作

仿真系统启动后，从主画面图单击各厂站的名称就可以进入厂站接线图，在厂站图上单击设备或设备的遥测量弹出的菜单就可以对电力设备进行操作。本章主要讲述如何利用菜单功能对电力系统设备进行操作。

第一节　开关、刀闸操作

在厂站接线图上，单击想进行操作的开关设备，弹出操作菜单如图 5-1 所示。

一、开关、刀闸变位

单击图 5-1 所示操作菜单中的“遥控”按钮，弹出界面如图 5-2 所示。教员可以直接按下“教员执行”按钮进行遥控操作，在这种情况下，遥控操作不进行口令验证，也不进行返校检测。

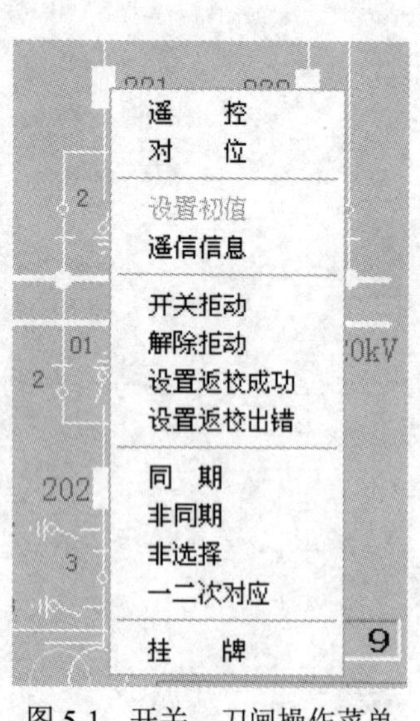

图 5-1　开关、刀闸操作菜单

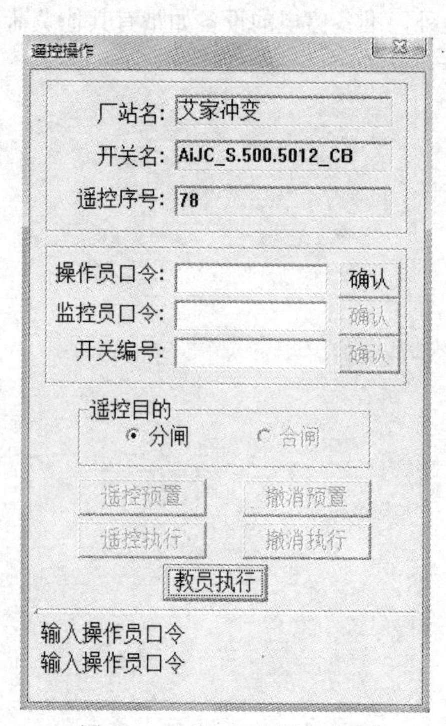

图 5-2　开关、刀闸遥控界面

二、对位

开关刀闸变位后不断闪烁，单击图 5-1 所示操作菜单中的“对位”命令可以消除闪烁。

三、设置初值

教员在启动仿真系统前，需要整定运行方式和初始状态，可以通过本命令来设置开关刀闸的初始状态。在系统启动前，选择想要改变初始状态的开关或刀闸，单击图 5-1 所示操作菜单中的“设置初值”命令，弹出界面如图 5-3 所示。选择想要整定的“分”或“合”状态，单击“发送”按钮，则开关已变位到该状态，仿真系统启动后，此开关运行在此整定状态。此命令只在仿真系统启动前使用，仿真系统启动后，该命令则无法操作。

四、遥信信息

单击图 5-1 所示操作菜单的“遥信信息”按钮弹出窗口如图 5-4 所示，可以查看开关刀闸设备在数据库中的具体信息。

图 5-3 设置初值界面

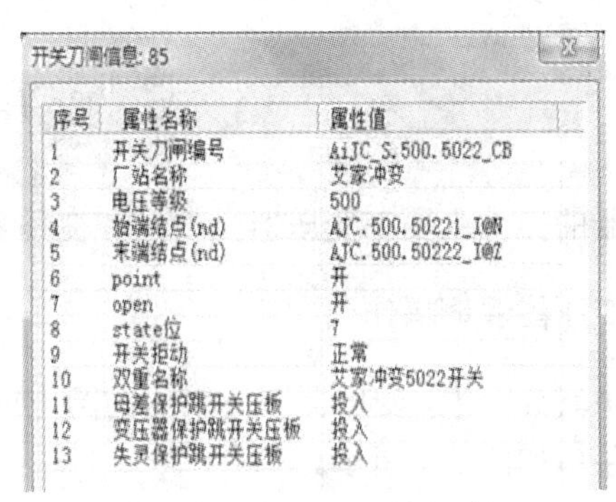

图 5-4 遥信信息界面

五、开关拒动和解除拒动

教员单击图 5-1 所示操作菜单中的“开关拒动”或“解除拒动”可以设置/解除开关拒动的命令。设置开关拒动，当发生某种故障需要跳开该开关时，它会拒跳，其结果是导致与之相连的所有开关跳开。各种线路和元件故障都可以和开关拒动联合起来形成复合故障。

六、设置返校成功和设置返校出错

初始情况下，开关刀闸都处于返校成功状态。设置返校出错后，仿真界面上没有任何特殊标志，但遥控操作时返校会出错。注意：教员操作一般不按照遥控操作步骤进行，没有返校检查的一步，因此不会影响教员的操作。

七、同期和非同期

单击图 5-1 所示操作菜单中的“同期”或“非同期”命令，则该开关可以同期合闸或非同期合闸。开关设备默认是同期合闸。

八、挂牌

开关设备检修、故障或其他情形下，需要时可以对其挂标志牌。单击图 5-1 所示操作菜单中的“挂牌”命令，弹出界面如图 5-5 所示。

选择好需要的标志牌，确定后，就可以把该标志牌放到相应位置。单击标志牌可以对其进行删除、移动，修改标牌说明，操作界面图 5-6 所示。

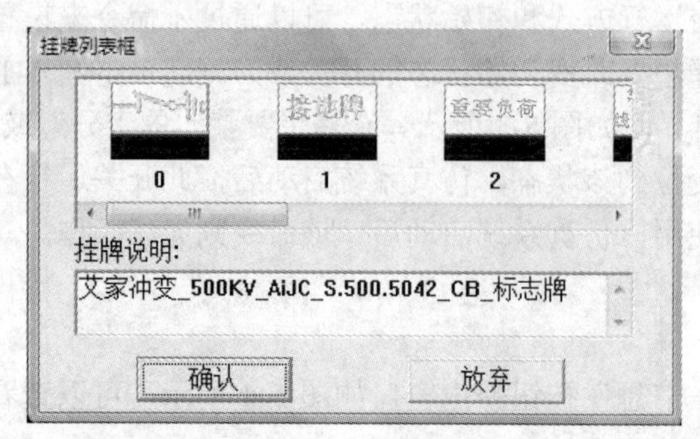

图 5-5　挂牌界面

图 5-6　标志牌操作界面

第二节　变 压 器 操 作

变压器的操作主要在变压器元件上和变压器遥测量上进行。

一、变压器遥调操作

教员仿真界面中，变压器图元中间的圆点或是变压器档位遥测量为遥调点，单击该点，弹出操作菜单如图 5-7 所示。

单击图 5-7 操作菜单中“遥调操作”命令，弹出图 5-8 所示操作界面。

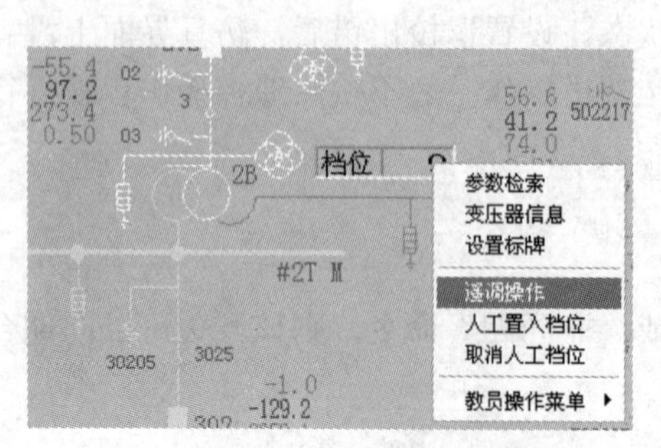

图 5-7　变压器遥调点操作界面

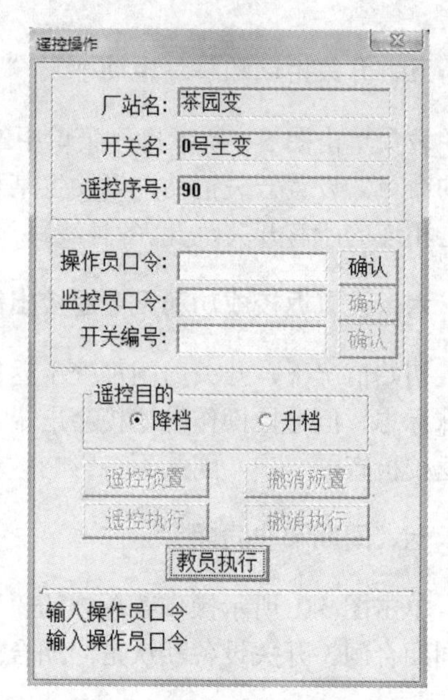

图 5-8　变压器遥调操作界面

教员可以直接按下“教员执行”按钮进行遥调操作，在这种情况下，遥控操作不进行口令验证。

二、变压器故障设置

单击想要设置故障的变压器绕组某侧的遥测量，弹出如图 5-9 所示操作菜单。

单击图 5-9 所示菜单的“设置故障”，弹出如图 5-10 所示界面。

1. 设置故障性质

从如图 5-10 所示变压器设置界面上有“瞬时故障”、“永久故障”或“删除故障”三种故障性质。

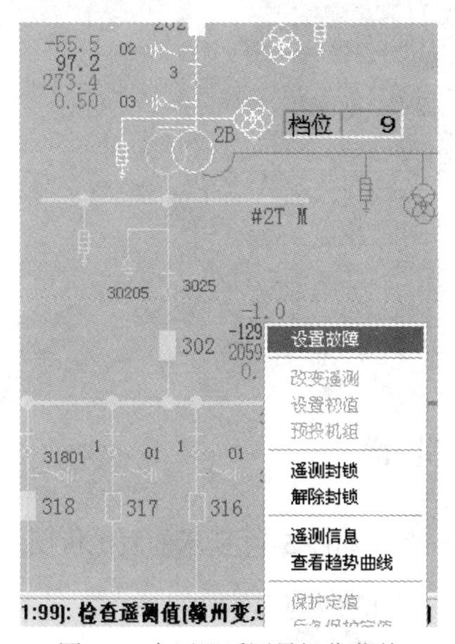

图 5-9　变压器遥测量操作菜单

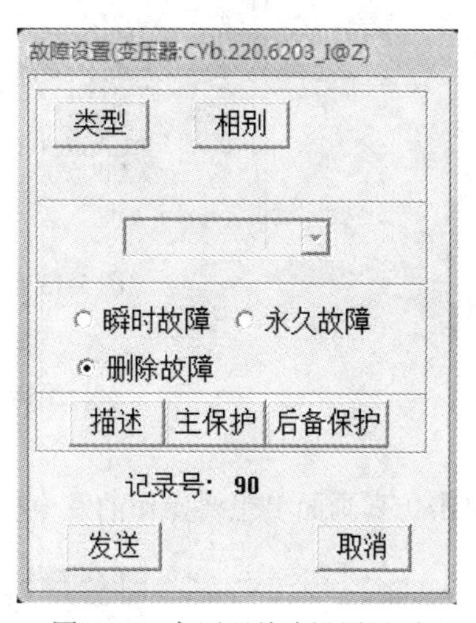

图 5-10　变压器故障设置界面

2. 设故障类型

单击如图 5-10 所示界面的“类型”按钮，弹出变压器故障类型设置界面，如图 5-11 所示。

3. 设故障相别

设置完故障类型后，单击如图 5-10 所示界面的“相别”按钮，弹出变压器故障相别设置界面，如图 5-12 所示。

图 5-11　变压器故障类型设置界面

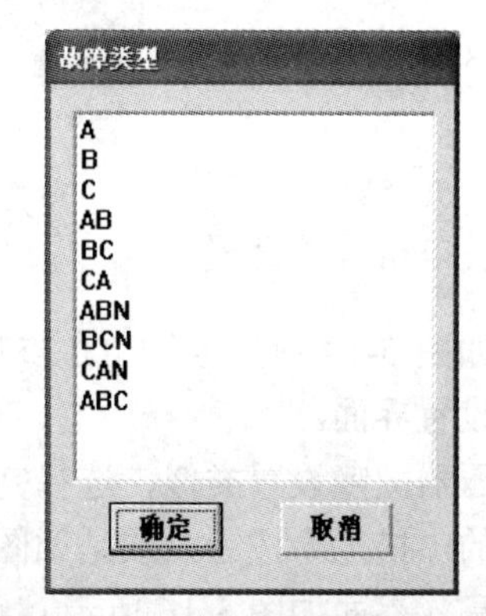

图 5-12　变压器故障相别设置界面

以上三项都设置完毕后，单击如图 5-10 所示界面的“发送”，就把设置完的该故障信息发送出去，相应保护该正确动作。

4. 绕组信息描述

单击如图 5-10 所示界面的“描述”按钮，或是单击图 5-9 所示操作菜单的“遥测信息”，就可弹出如图 5-13 所示的变压器绕组信息描述。

变压器绕组信息: 90

序号	属性名称	属性值
1	绕组名称	CYB.220.2_TOH
2	厂站名称	茶园变
3	电压等级	220
4	结点(nd)	CYb.220.6203_I@Z
5	有功功率(MW)	0.00
6	无功功率(MVar)	0.00
7	电流(A)	0.00
8	分接头值	0
9	额定电压(MVA)	0.00
10	额定电流(A)	0.00

图 5-13　变压器绕组信息描述界面

第三节　发 电 机 操 作

单击仿真画面上想要操作的发电机的遥测量，弹出如图 5-14 所示的发电机操作菜单。

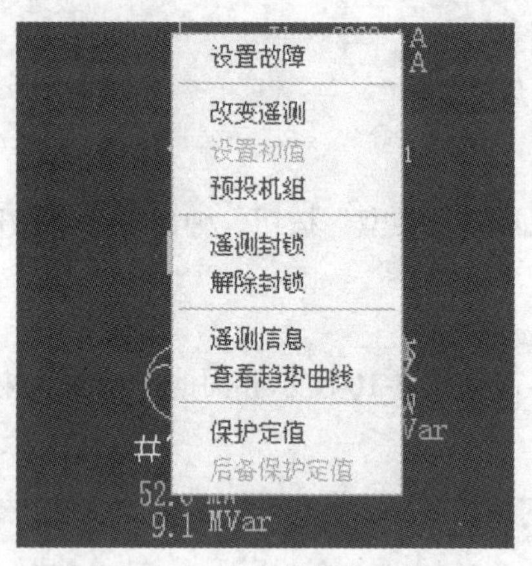

图 5-14　发电机操作菜单

一、发电机故障设置

单击如图 5-14 所示的发电机操作菜单的“设置故障”按钮，弹出如图 5-15 所示的发电机故障设置界面。

和变压器故障设置类似，选择完故障性质、故障类型，就可以把故障发送出去。通过该界面上的“描述”按钮，或是如图 5-14 发电机操作菜单上的“遥测信息”，可以查看该机组的信息（界面如图 5-16 所示）。

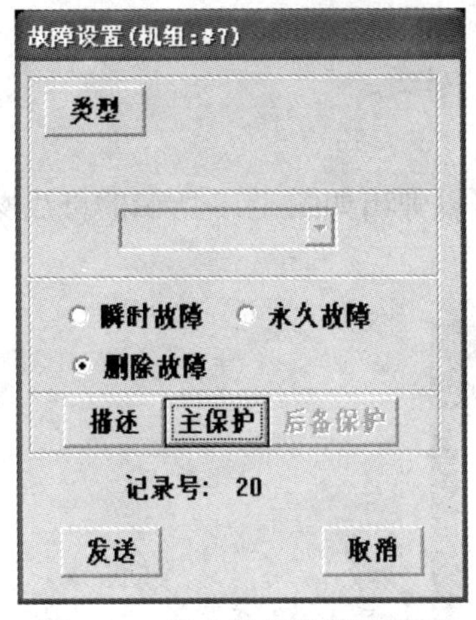

图 5-15　发电机故障设置界面

机组信息: 1

序号	属性名称	属性值
1	机组名称	ChangS_T.10.1_G
2	厂站名称	长沙电厂
3	电压等级	10
4	结点(nd)	CSC.220.1_T@L
5	有功功率(MW)	0.00
6	无功功率(MVar)	0.00
7	频率(HZ)	0.00
8	角度	0.00
9	最大有功功率(MW)	600.00

图 5-16　发电机信息界面

二、发电机出力调整

以调整发电机有功出力为例，在该发电机的有功遥测量上，单击弹出的如图 5-14 所示的发电机操作菜单上“改变遥测”按钮，弹出如图 5-17 所示的发电机的有功出力调整操作界面。

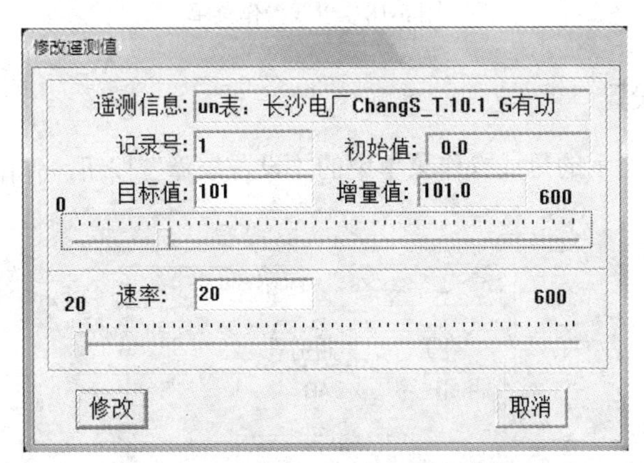

图 5-17　发电机有功出力调整操作界面

在如图 5-17 所示界面上，可以直接键入目标值和改变速率，也可以拖动目标值和速率下面的标尺，达到目标值，然后单击“修改”按钮，发电机有功出力开始按照给定的速率调整，直至达到目标值。

无功出力调整和有功出力调整类似，只在单击发电机无功遥测值弹出的操作菜单上“改变遥测”按钮即可进行相应操作。

三、发电机并网

当并网的发电机出口开关已合上后，单击发电机遥测值（有功和无功皆可）弹出的如图 5-14 所示操作菜单上选择“预投机组”，然后参照发电机出力调整，选择目标值和速率，调整发电机的出力。

第四节 母 线 操 作

单击仿真画面上想要操作的母线的电压遥测值，就可以弹出如图 5-18 所示的母线操作菜单。

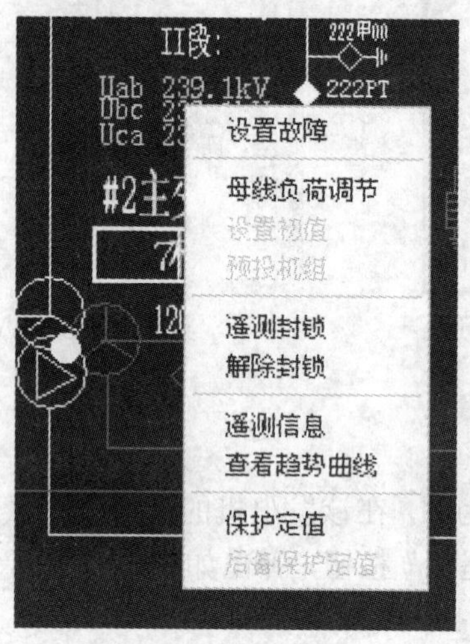

图 5-18 母线操作菜单

一、母线故障设置

单击如图 5-18 所示的母线操作菜单中的“设置故障”按钮，弹出如图 5-19 所示的母线故障设置界面。

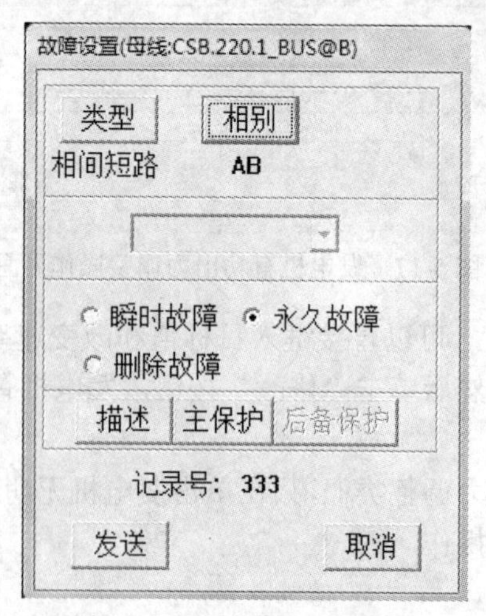

图 5-19 母线故障设置界面

和变压器故障设置类似，选择完故障性质、故障类型和故障相别后，就可以把故障发送出去；通过该界面上的“描述”按钮，或是如图 5-18 所示母线操作菜单上的“遥测信息”，可以查看该母线的信息。

二、线路操作

单击仿真画面上想要操作的线路的遥测值，就可以弹出如图 5-20 所示线路操作菜单。

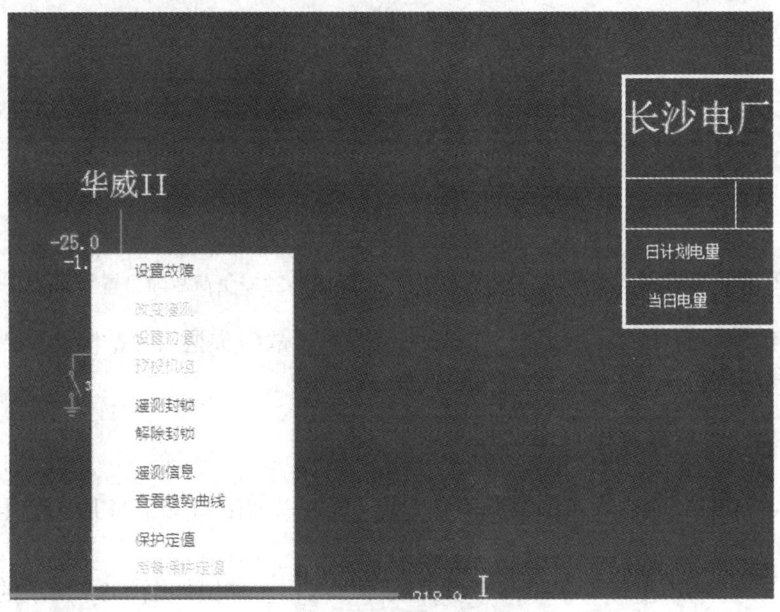

图 5-20　线路操作菜单

线路操作主要是故障设置，与前述类似，单击如图 5-20 所示的线路操作菜单上的“设置故障”，就可弹出如图 5-21 所示的设置界面。与前述不同的是，线路故障还可以选择“故障点位置”，拖动操作界面上的游标，则可选择在出口、近区和远区设置故障。

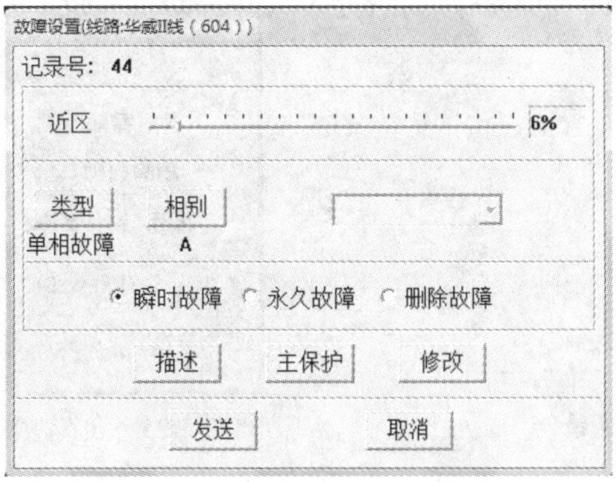

图 5-21　线路故障设置界面

三、负荷操作

单击仿真画面上想要操作的负荷遥测值，就可以弹出如图 5-22 所示的负荷操作菜单。

单击如图 5-23 所示操作菜单的“设置故障”按钮，弹出如图 5-23 所示的负荷故障设置界面。

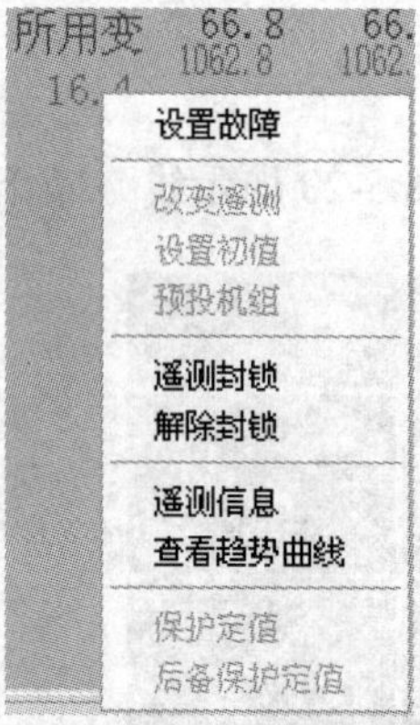

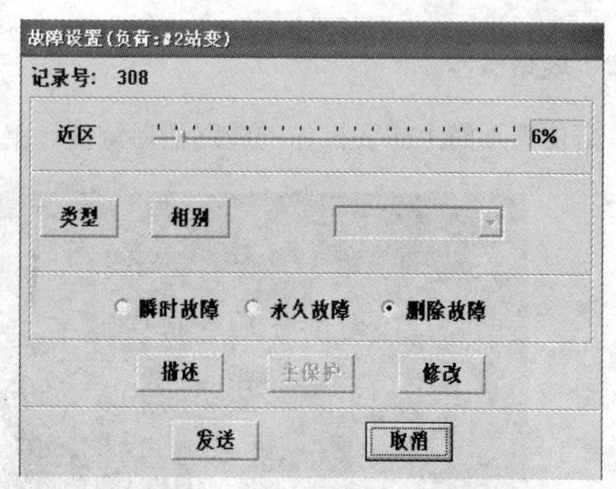

图 5-22　负荷操作菜单

图 5-23　负荷故障设置界面

与线路故障设置相同，选择好“故障点位置”、“故障类型”、“故障相别”和“故障性质”，就可发送负荷故障。

四、电容、电抗器操作

单击仿真画面上电容或是电抗器的遥测值，就可以弹出如图 5-24 所示的电容或电抗器操作菜单。

单击如图 5-24 所示操作菜单的“设置故障”按钮，弹出如图 5-25 所示的负荷故障设置界面。

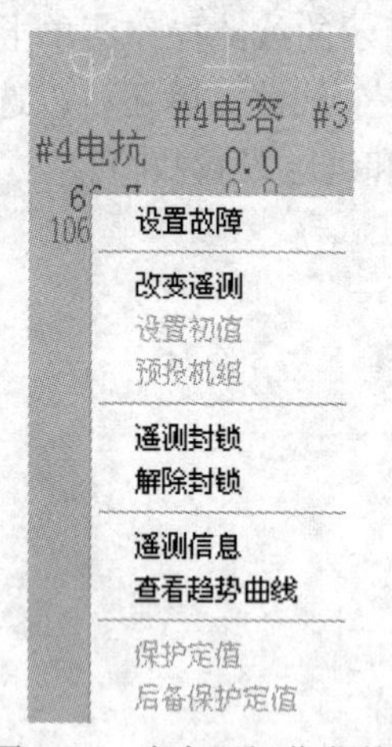

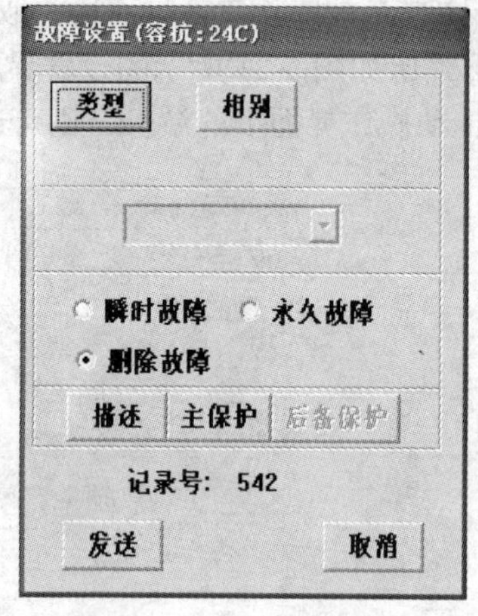

图 5-24　电容器操作菜单

图 5-25　负荷故障设置界面

选择好“故障类型”、“故障相别”和“故障性质”，就可发送电容器或电抗器故障。

第五节　变电站三维一次设备巡视

为了更好地完成漫游、观察和操作，系统主窗口一共设置了七种运行状态，分别是运行、环绕、操作、望远镜，放电及验电、挂牌和异常处理（图 5-26），为了方便学员使用，系统还提供了导航图功能，现分别论述如下。

一、运行模式

图 5-27 所示为系统进入后默认的运行方式。

图 5-26 一次场景工具栏

图 5-27 一次场景图

在本方式下，常有的运动控制键如下：

光标键："←"键为左跨步；"→"键为右跨步；"↑"键为前进；"↓"键为后退。

键盘区："a"键为左扭头；"d"键为右扭头；"HOME"键为大步前进；"END"键为大步后退；"PageUp"键为视点升高；"PageDn"键为视点降低。

键盘区："q"键为左跨步；"e"键为右跨步；"w"键为抬头；"s"键为低头；"c"键为蹲下/站起切换；"z"键为平视。

其中，在左扭头和右扭头的时候，按下 Shift 键，能够实现一次转 90°。

二、环绕模式

为了方便对某一设备进行观察，在运动模式下右击某一设备，弹出如图 5-28 所示对话框，单击"确定"按钮后进入环绕模式。

图 5-28 环视对话框

在环绕模式下，键盘控制键和运行模式下基本一致，不过左右转时是环绕物体的几何中心，而不是转体；前进后退时是拉近/拉远和物体的距离，而不是进退。建议还是采用光标键。

光标键：←环绕左转；→环绕右转；↑拉近；↓拉远。

如果要退出环绕模式回到运行模式，只要右键在屏幕任何地方双击即可。

三、操作模式

为了对开关、刀闸的操作机构（包括端子箱）进行操作，可以双击某一机构箱，系统会自动面向该机构箱，进入近距离操作模式，调整视点高度和方向，双击机构箱的门会自动打开，如图 5-29 所示。

在该模式下，一般机构箱已经比较好的放在视野内，可以很方便地操作各个机构，如果需要调整视点位置，可以采用以下键。

键盘区："q"键为左跨步；"e"键为右跨步；"PageUp"键为抬高视点；"PageDown"键为降低视点。

对于标签比较小的箱子，也可采用望远镜模式。对于机构箱的各个活动机构，一般的按钮，单击后，弹出对话框来操作；两状态开关，单击后，弹出对话框来操作，如图 5-30 所示。

图 5-29 冷却器操作箱视图

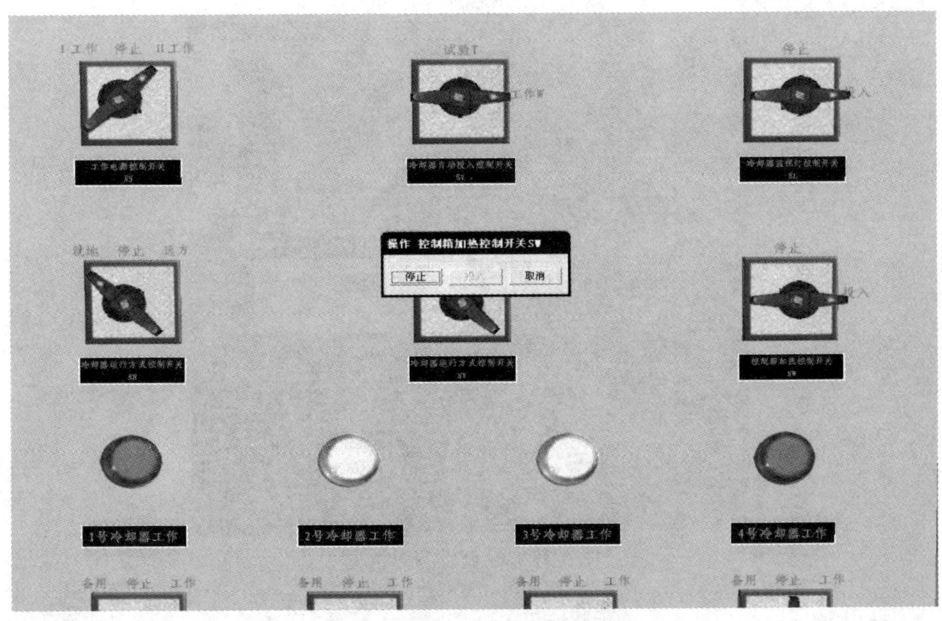

图 5-30 机构箱操作对话框

单击多状态开关，选择相应的档位或取消，如图 5-31 所示。

如果要退出操作方式，可以双击（左键或者右键均可）除机构箱的门，系统会自动把机构箱门合上，并恢复视点的自然观察高度。

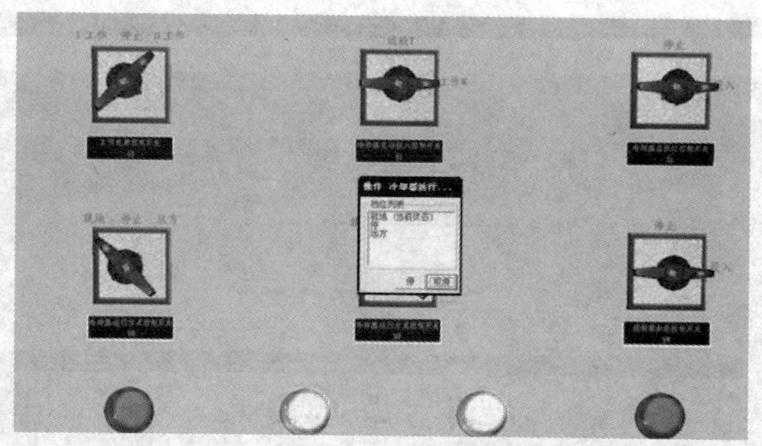

图 5-31 多状态开关操作对话框

四、检查模式

单击一次场景工具栏中的“检查”选项，如图 5-32 所示。

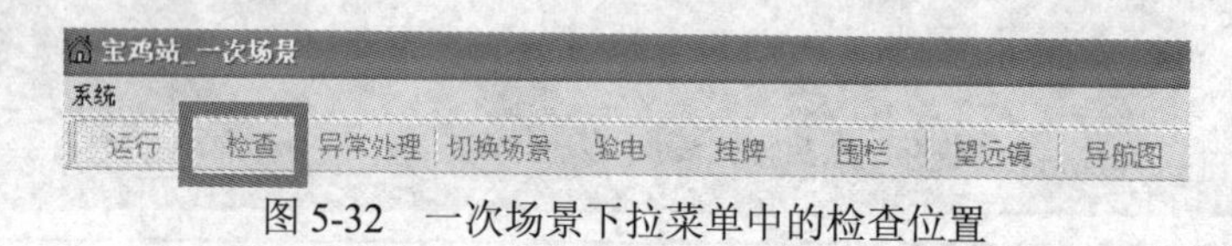

图 5-32 一次场景下拉菜单中的检查位置

单击需要检查的控件或设备，会弹出对话框显示当前状态，如图 5-33 所示。

图 5-33 检查设备对话框

五、望远镜模式

为了放大观察某一物体，可以单击工具栏上的望远镜按钮切换到望远镜模式下（图 5-34），以 5 倍比例进行观察，在该模式下，运动控制和运行模式下一致，再次单击望远镜按钮重新切换回正常的模式。

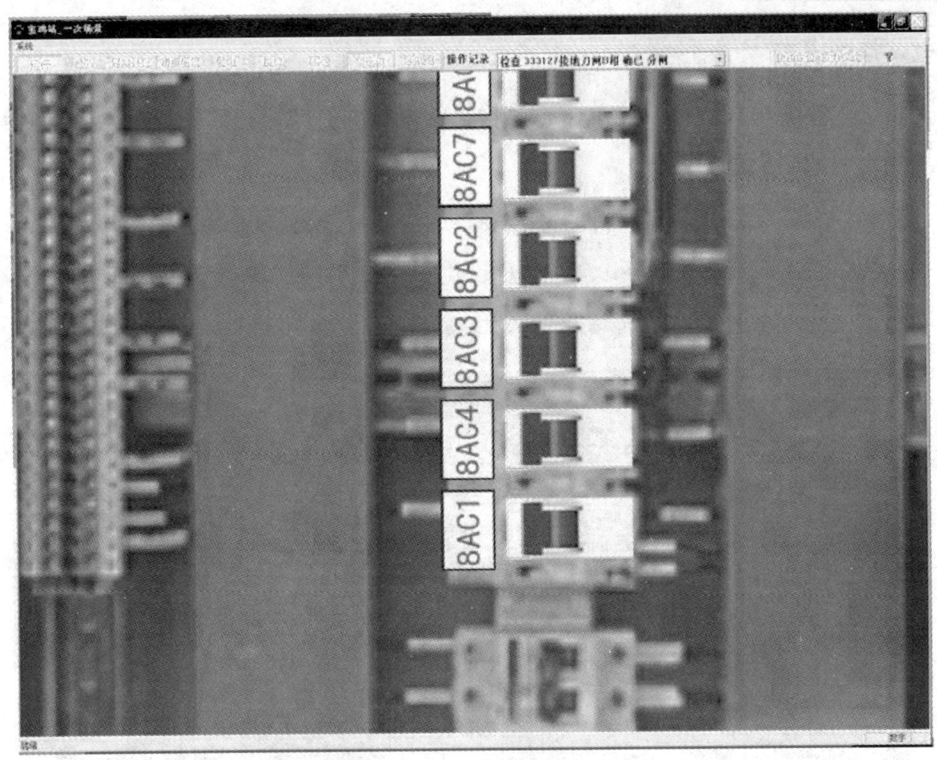

图 5-34　望远镜模式下的视图

六、验电模式

为了验某个接线的带电属性，可以先单击工具栏上的“验电”按钮，然后在场景中双击该接线即可，如图 5-35 所示。

图 5-35　验电模式

七、挂牌模式

为了进入挂牌模式，可以先单击工具栏上的“挂牌”按钮，然后在场景中双击要挂牌的位置即可，如图 5-36 所示。

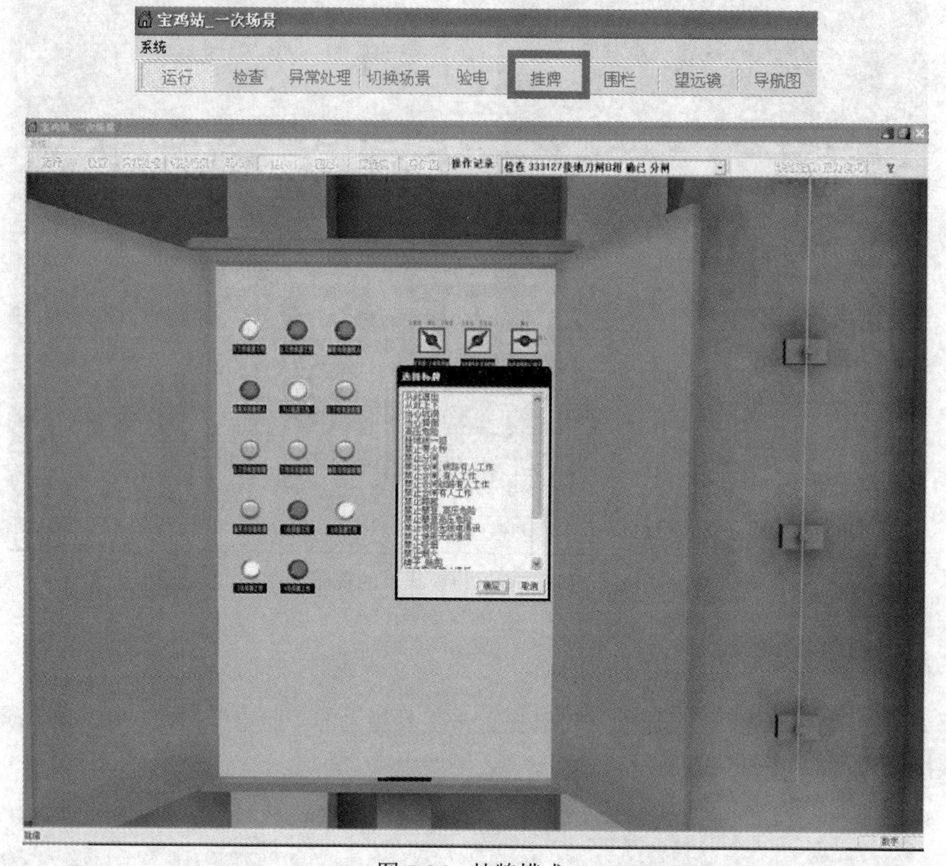

图 5-36 挂牌模式

双击后会出现选择挂牌的对话框，选中挂的牌子，单击“确定”按钮即可，如图 5-37 和图 5-38 所示。

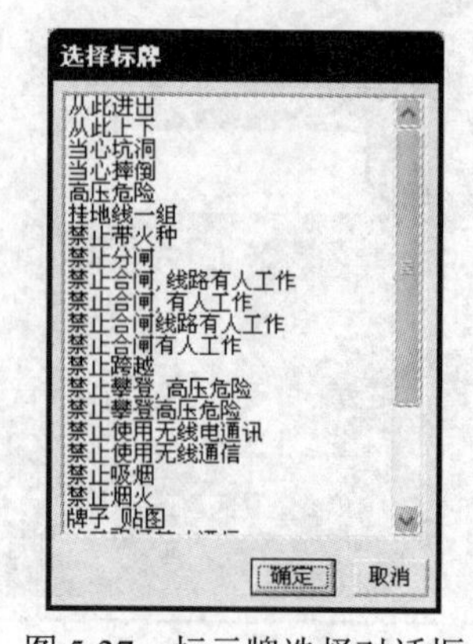

图 5-37 标示牌选择对话框

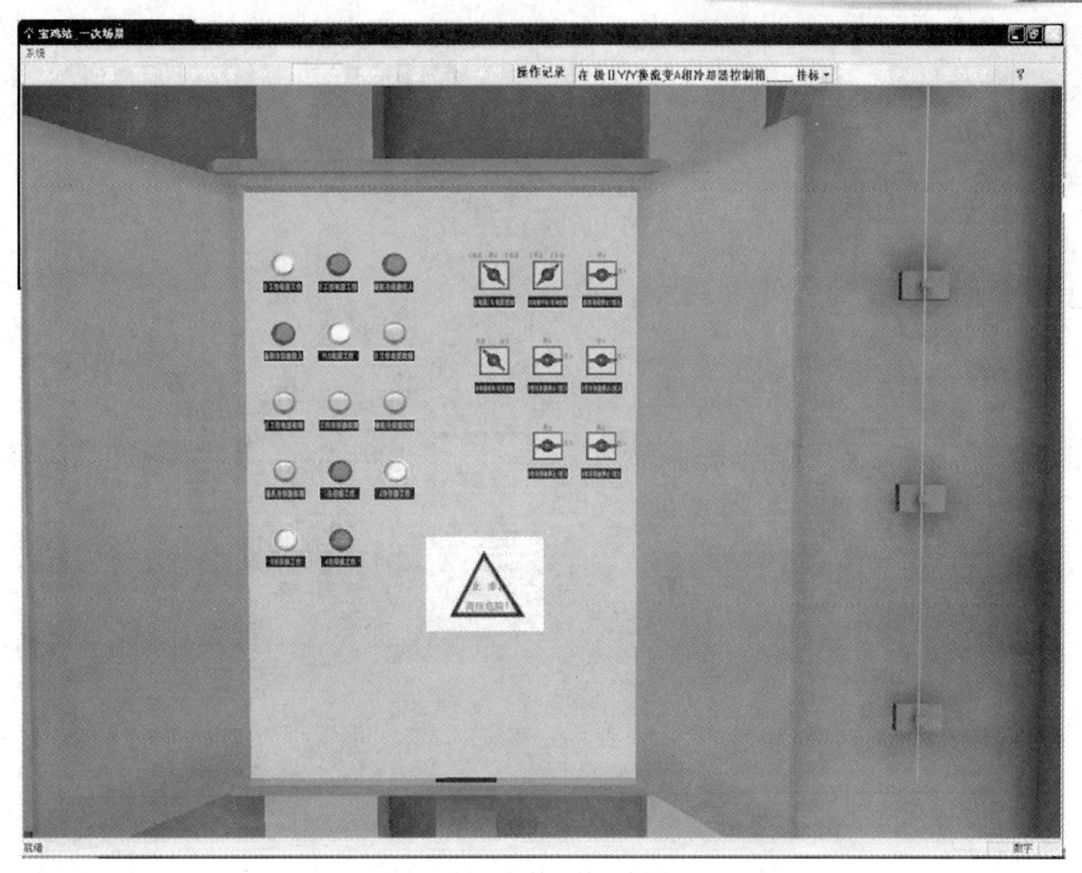

图 5-38　挂牌后的示意图

如果要撤销该挂牌，在挂牌模式下双击该挂牌，会弹出图 5-39 所示对话框，选择“是”即可撤销该挂牌。

图 5-39　撤销挂牌对话框

八、围栏模式

选择围栏模式后，双击要设置围栏的地面，然后再双击另一边地面，此时就会出现围栏，如图 5-40 所示。

在围栏模式下，双击围栏即可出现撤销围栏对话框，如图 5-41 所示，选择“是”即可撤销围栏。

图 5-40 装设围栏后示意图

图 5-41 撤销围栏对话框

九、异常处理模式

当学员巡视场景中的设备时，可以先单击工具栏上的“异常处理”方式按钮，然后在场景中双击要判断状态的设备，会出现异常处理的对话框，选中“存在缺陷”按钮，并且选择相应的巡视点、巡视结果和缺陷等级，然后选择相应的处理方式，单击“确定”按钮即可，如图 5-42 和图 5-43 所示。

图 5-42 异常处理一次场景

选择相应的异常巡视项目，可以检查报告结果（图 5-44）。

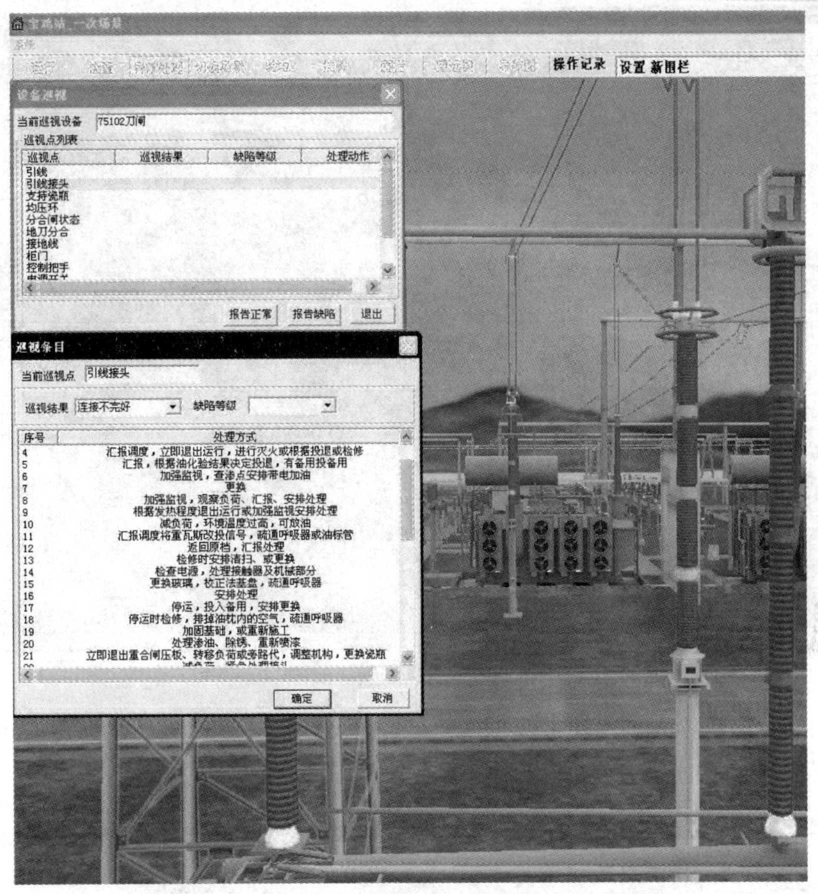

图 5-43　异常选择对话框

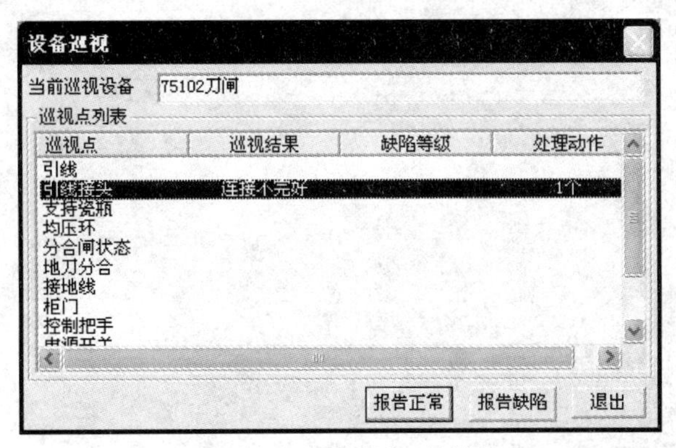

图 5-44　异常报告对话框

十、导航图功能

为了方便再三维场景中巡视，可以按 F10 切换导航图或单击工具栏上的“导航图”按钮来切换导航图窗口，如图 5-45 所示。

该方式下可以单击（并保持按下状态）导航图的上下左右方位拖动，即可实现在导航图内移动。

图 5-45　一次场景导航图

导航图跳转功能：为了快速定位到指定的设备位置，可以在导航图内双击开关刀闸地刀的符号定位到操作的位置，如图 5-46 所示。

图 5-46　指定到 7550 开关

也可以在导航图内用鼠标右键双击开关、刀闸、地刀的符号定位到观察的位置，如图 5-47 所示。

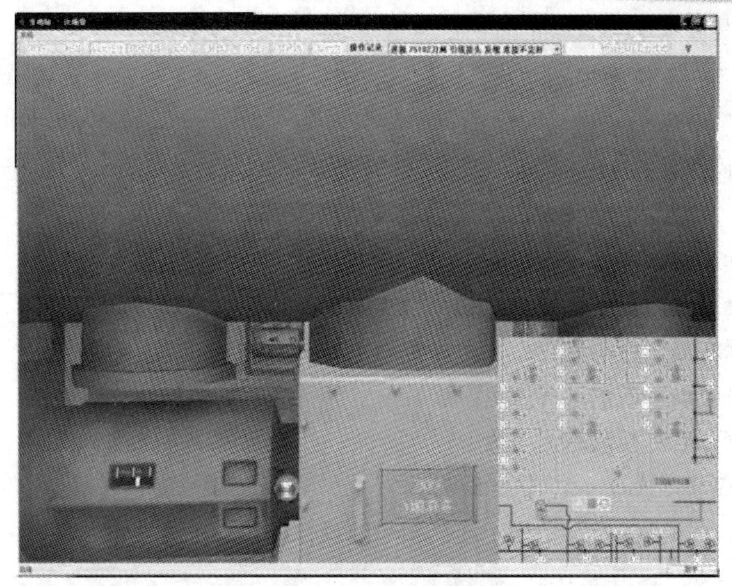

图 5-47 指定到开关、地刀

第六节 变电站三维二次屏盘操作

一、运行模式

图 5-48 所示为系统进入后默认的运行方式。

图 5-48 二次厂景默认方式

1. 在系统默认方式下常用的运动控制键

光标键：“←”键为视点左移；“→”键为视点右移；“↑”键为视点上移；“↓”键为视点下移。

2. 鼠标操作

按下鼠标左键，拖动到窗口左边，视点左移；

按下鼠标左键，拖动到窗口右边，视点右移；

按下鼠标左键，拖动到窗口上边，视点上移；

按下鼠标左键，拖动到窗口下边，视点下移；

鼠标滚轮上滚，视点远离屏盘；

鼠标滚轮下滚，视点靠近屏盘。

3. 操作控件方式

单击控件，弹出操作对话框，选择相应的操作即可，如图 5-49 所示。

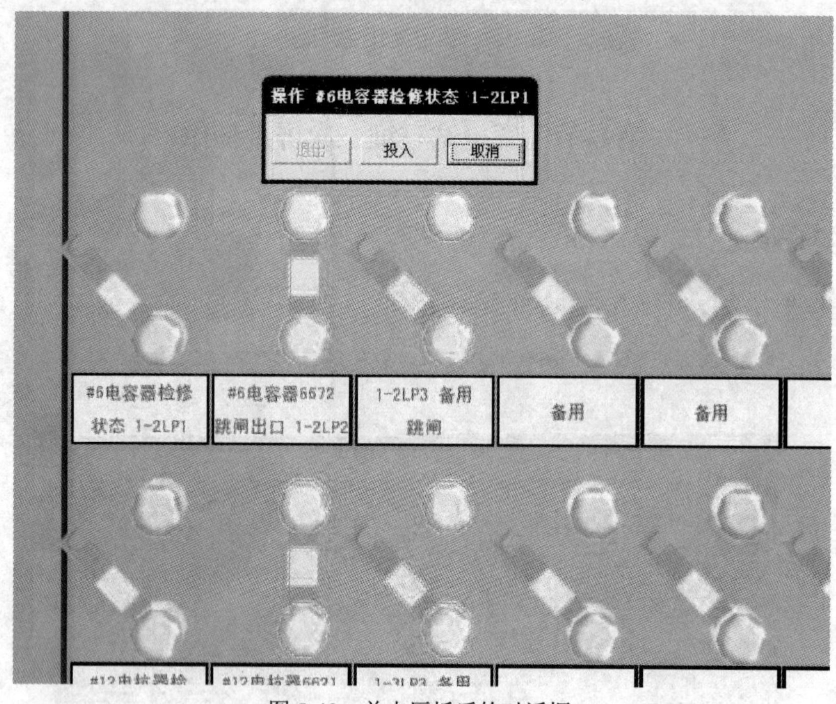

图 5-49　单击压板后的对话框

4. 定位方式

双击屏盘表面，定位到近距离查看，右键双击屏盘表面，视点回到整个屏盘距离的查看。

二、检查模式

在系统默认运行方式下，单击某个控件可以显示该控件当前的操作位置或当前的读数，如图 5-50 所示。

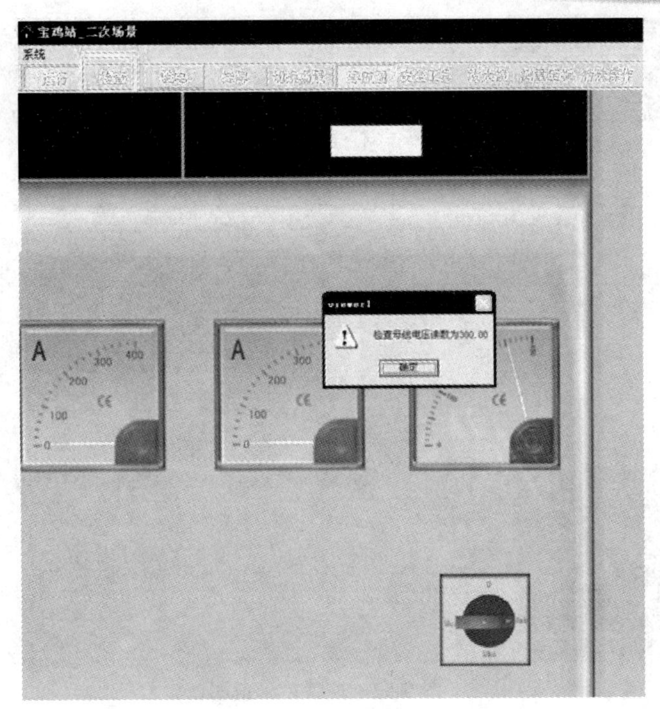

图 5-50 二次场景检查模式对话框

三、挂牌模式

在二次屏盘表面挂牌，双击要挂牌的文件即可（图 5-51、图 5-52），如果双击已有的挂牌可以撤销该挂牌（图 5-53）。

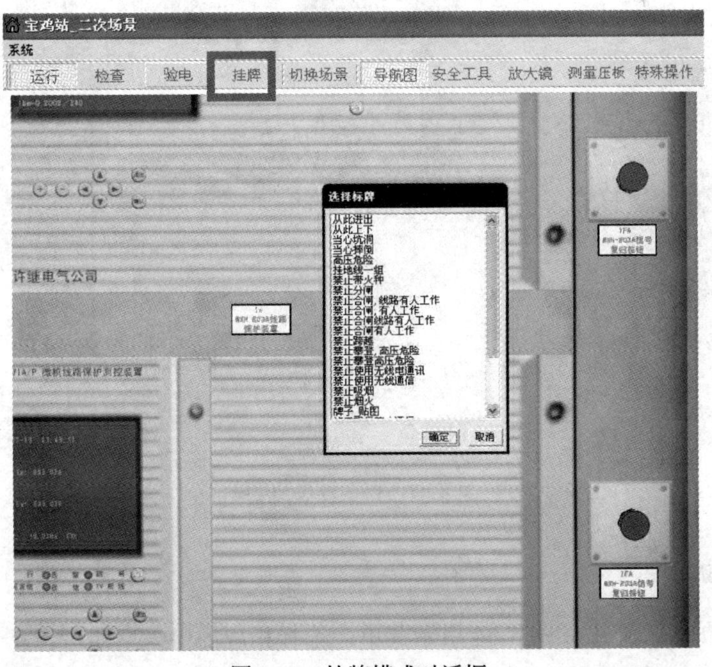

图 5-51 挂牌模式对话框

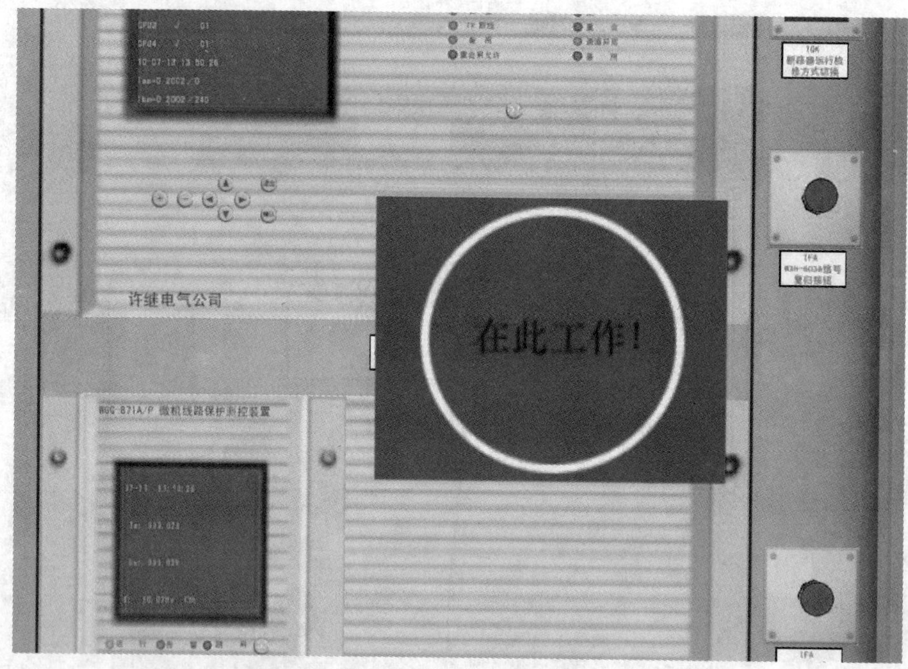

图 5-52　挂牌后示意图

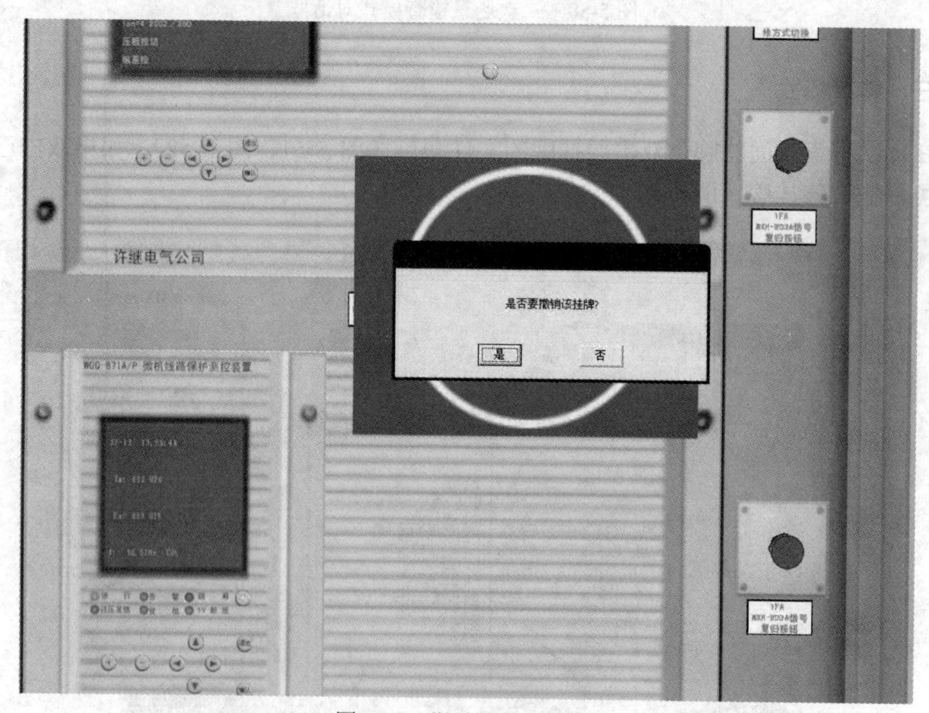

图 5-53　撤销挂牌对话框

四、选保护室

单击选保护室，弹出如图 5-54 所示菜单，选择相应的保护室即可。

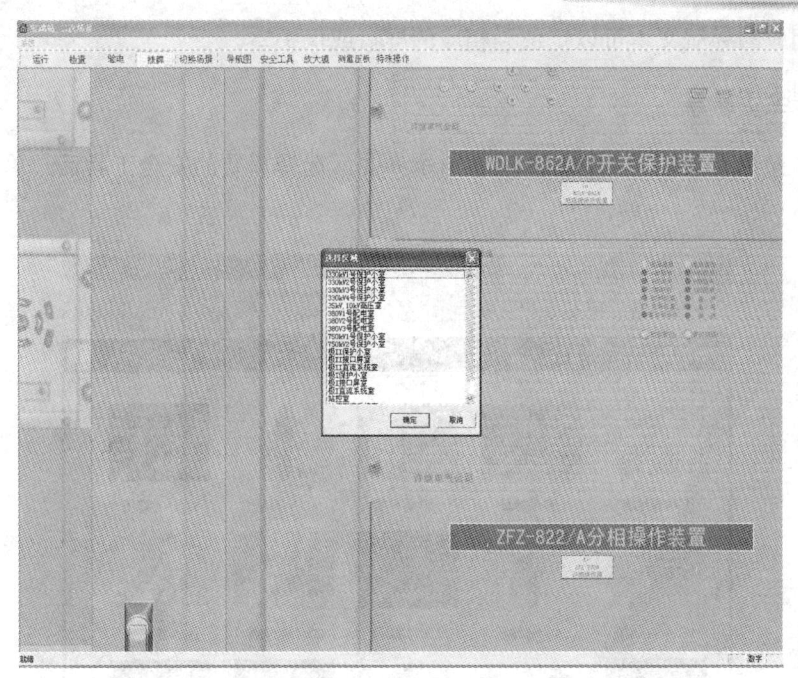

图 5-54　选保护室菜单

五、显示导航图

选择“导航图”，如图 5-55 所示。

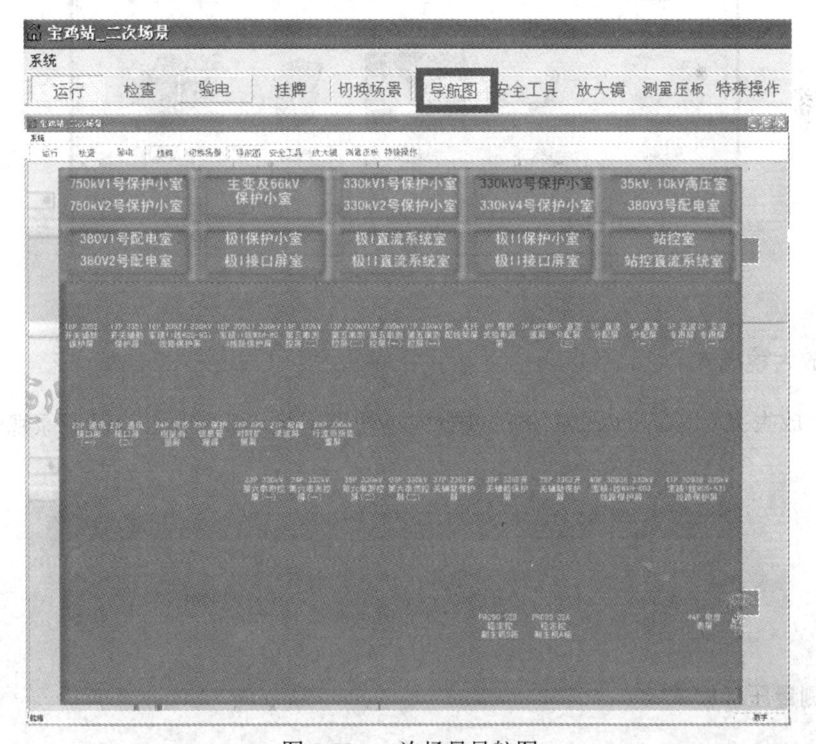

图 5-55　二次场景导航图

双击相应的导航文本可以定位到相应的屏盘或保护室。

六、安全工具室

单击“安全工具”，弹出如图 5-56 所示界面，选择需要的安全工具后，单击“确定”即可。

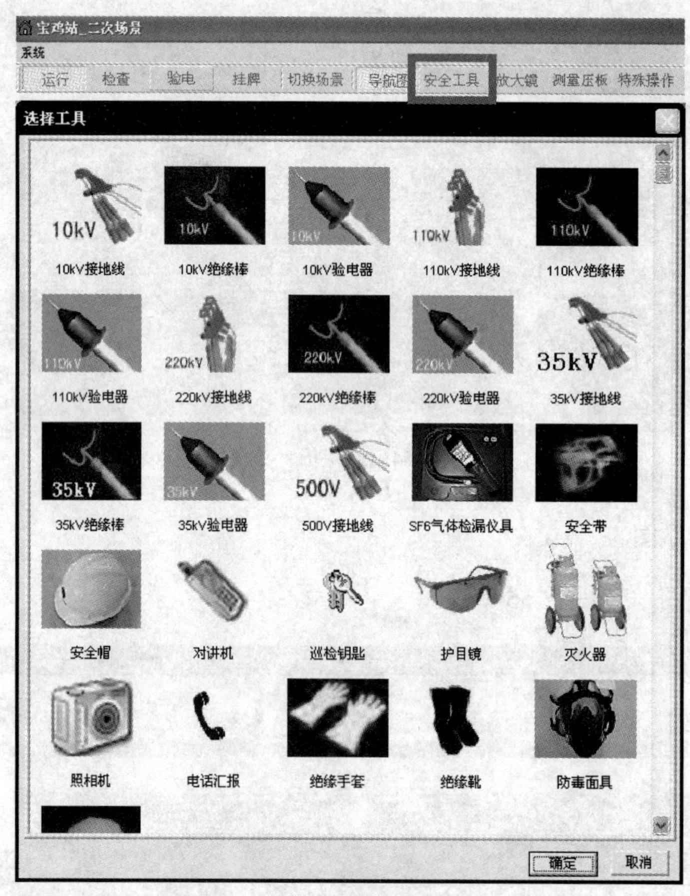

图 5-56　安全工具选择对话框

七、放大镜模式

双击“放大镜”按钮可以以三倍的视野大小观察屏盘，再次双击可以还原视野大小（图 5-57）。

图 5-57　二次场景放大镜模式

八、测量压板模式

选择“测量压板”，单击需要测量电压的压板即可（图 5-58）。

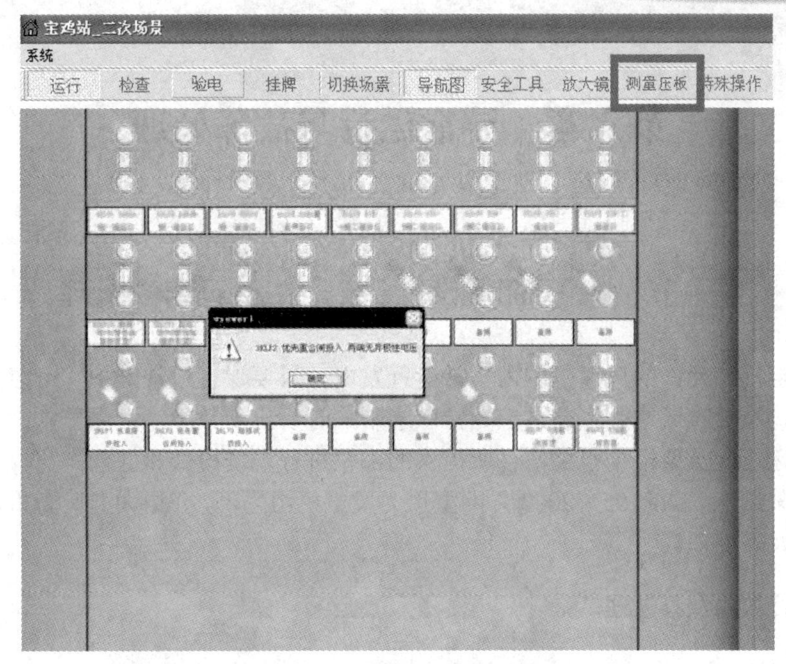

图 5-58 二次场景测量压板模式

九、特殊操作

仿真系统无法模拟的特殊操作，在图 5-59 中手动输入，形成操作记录。

图 5-59 特殊操作对话框

第六章　异常运行与故障处理

第一节　机组及附属设备系统异常运行及事故处理

风力发电机在允许的风速范围内正常运行发电，只要保证日常维护，一般不会出现故障。但当维护不及时或遭强风袭击等异常因素影响时易出现故障。发生异常时应即时显示报警信号，运行人员要根据报警信号所提供的部位进行现场检查和处理。

本节以某风电场 XE105—2000 并网型风力发电机组为例，介绍大型风力机运行中常见的运行故障及其处理。

一、运行故障及其处理

1. 液压站油位偏低

应检查液压系统有无泄漏，并及时加油恢复正常油面。

2. 测风仪故障

风电机组显示输出功率与对应风速有偏差，检查风速仪、风向标的传感器有无故障，如有故障则予以排除。

故障原因及处理：

（1）风速仪风杯轴承损坏，导致测量值偏低。处理方法：更换风杯轴承或风速仪。

（2）风速仪内检测线路故障。处理方法：检查风速仪检测回路，维修或更换。

3. 运行中发现有异常声音

查明响声部位，分析原因，并做出处理。

4. 运行中设备和部件超温而自动停机

风电机组在运行中发电机温度、晶闸管温度、控制箱温度、机械制动刹车片温度超过规定值均会造成自动停机。

查明设备温度上升原因，如检查冷却系统、刹车片间隙、刹车片温度传感器及变送回路。

故障排除后才能再启动风电机组。

5. 变桨系统故障而造成自动停机

检查变桨机构电气回路、偏航电动机与机舱位置传感器工作是否正常，电动机损坏应予更换，对于因机舱位置传感器故障致使电缆不能松线的应予以处理。

故障排除后恢复自启动。

6. 超速或振动超过允许振幅而自动停机

风电机组运行中，由于变桨系统失灵会造成风电机组超速。

机械不平衡，则造成风电机组振动超过极限值。

检查超速、振动的原因，故障排除后才能再启动风电机组。

7. 轮毂常见故障及处理

轮毂主要功能是变桨调速，变桨系统主要由变桨控制模块ECM、伺服驱动器、变桨电机、变桨角度编码器、紧急备用电池及SBP 装置等部件组成；转速检测元件主要有滑环速度编码器、超速传感器。

（1）叶片角度编码器。叶片角度编码器主要问题有：编码器连轴固定不到位；按照维护周期，定期固定编码器；编码器角度显示突变很大，发生错误。

处理方法：检查数据线，一般都是数据线有问题，最好更换数据线，然后必须重新启动轮毂PLC系统。

（2）伺服变桨电机。变桨电机的额定电流为38A，观察HMI监控界面，实时监控三个叶片的变桨电流，对应报警叶片的变桨电流通常比较大，也就是说如果风机某一个叶片的变桨电流一直保持在30A以上，而此时叶片角度未发生变化，现场维护人员一定要引起足够的重视。

处理方法：停机后对轮毂进行检查，检查缓冲垫有无破损，检查变桨轴承润滑及变桨的平滑性，变桨齿轮箱等。

（3）限位开关维护。检查开关的灵敏度，是否有松动。 检查其可靠性及安全性。

（4）轮毂滑环。轮毂滑环包括炭刷、轮毂转速编码器、超速编码器。炭刷主要是定期清理即可。

轮毂转速编码器故障率较高，主要故障有：

1）轮毂转速与超速继电器计算的转速差异过大。由于轮毂转速传感器采用的是光电编码器，计算精度高，安装在滑环端部，受振动大，容易损坏；超速继电器转速采用的是接近开关，本身没有相对运动和摩擦，不容易损坏。

故障处理： 确认超速继电器计算转速没有故障，确认轮毂转速编码器测得转速值突变大，最后只有更换轮毂转速编码器。

2）发电机转速与轮毂转速不一致。根据现场观察，此故障都是在高风速下，风机停机的过程中，且远程很难复位，本地复位后故障不重复出现。

8. 发电机运行故障

当发电机在运行中出现故障时，无论故障大小，发现故障就应立即采取措施进行消除，否则易进一步引起事故。处理故障前必须切断机组电源。最常遇到的故障有下述几个方面：

（1）轴承发热、响声不正常。其原因和处理方法见表6-1。

表6-1 轴承发热、响声不正常的原因和处理方法

故障原因	处理方法
润滑脂不足或过多	补充润滑脂或清除过多的润滑脂
润滑脂变质或含异物	清洗轴承，更换润滑脂
轴承磨损烧坏	更换轴承，轴承型号见随机提供的外形图
轴承内外圈松动	紧固螺栓、止动螺钉或圆螺母

（2）轴承漏油。其原因和处理方法见表6-2。

表 6-2　轴承漏油的原因和处理方法

故 障 原 因	处 理 方 法
密封件之间的间隙过大或变质、损坏	加厚密封件或更换密封件
润滑脂过多	清除过多的润滑脂
润滑脂变质、稀化	清洗轴承，更换润滑脂
轴承发热	排除轴承发热故障

（3）发电机振动、噪声。其原因和修理方法见表 6-3。

表 6-3　振动、噪声的原因和处理方法

故 障 原 因	处 理 方 法
叶片角度不一致	限功率运行
安装不牢固	重新拧紧螺栓，检查垫片，加强安装刚度
机组与发电机共振	调整电机的振动周期，机组振动周期不同
轴承损坏	更换轴承
机组轴向窜动	修理或更换被磨损或损坏的轴承装置零部件

（4）发电机绕组温度高。其原因及处理方法见表 6-4。

表 6-4　发电机绕组温度高故障及处理

故 障 原 因	处 理 方 法
电机过载	检查是否有引起过载的原因，有则消除
冷却介质温度过高（运行环境温度超过 40℃）	通风散热、停机冷却至正常温度
线圈匝间短路	检查绕组三相电阻是否平衡
温度传感器故障	检查温度传感器及线路有无故障，维修或更换

（5）绝缘电阻低于最低允许值。如果绝缘电阻低于最低允许值，可使用下列方法之一去除潮气，使绝缘电阻达到要求：

1）用空气加热器烘烤发电机。

2）用接近于 80℃的热空气干燥发电机，注意必须是干燥热空气。

3）用接近于发电机额定电流 60%的直流电通入绕组。

应特别注意，必须慢慢加热，使水蒸气能均匀缓慢而自然地通过绝缘而逸出，快速加热很可能使局部的蒸汽压力足以使水蒸气强行通过绝缘而逸出，这样使绝缘遭到永久性的损害。一般需要用 15～20h 使温度上升到所需的数值。经过 2～3h 后，重新测量绝缘电阻，如果考虑了温度的影响而绝缘电阻已达到最低允许值，发电机的干燥过程可以结束并可投用。

9. 润滑系统常见故障

润滑系统常见故障及处理措施见表 6-5。

表 6-5　润滑系统常见故障及处理

故　障	原　因	措　施
有几个润滑点上没有油脂	主油管或二级油管堵塞	更换油管
一个润滑点上没有油脂	相对应的油管发生爆裂或者泄漏	更换油管或拧紧油管和装置的连接处，或更换装置
泵显示循环错误	接近开关出现故障	更换分配器
其他故障	油管被堵塞	更换油管
	泵出现故障	更换泵
	在柱塞里存在气体	给泵通气
	泵单元故障	更换泵
	分配器故障	更换分配器
	油位太低	给油箱注油
	油位开关故障	更换泵
	泵单元故障	更换泵
	油管发生爆裂或者泄漏	更换油管或者重新拧紧油管和装置的连接处，或更换装置
	油管受到挤压或者阻塞	挪动油管或更换油管
	加油过量或轴承堵塞	检查轴承出油口是否堵塞
	选取了不适用于集中润滑系统的润滑油	更换，采用适用于本机组的油脂

10. 液压系统故障分析及处理

液压系统压力小故障及处理见表 6-6。

表 6-6　液压系统压力小故障及处理

故　障	原　因	解　决　方　案
预充压力太低	有漏点	检查，修复，充液体
	阀门关闭	打开
	泵坏	修复或更换
	压力传感器坏	更换
压力传感器故障	接线松	检查，拧紧
	入口 / 出口接线接错	更正

液压系统温度高故障及处理见表 6-7。

表 6-7 液压系统温度高故障及处理

故 障	原 因	解 决 方 案
流量低	过滤器堵塞	清洁
	排气未净	多次反复开 / 停泵，手动按排气阀上部排气
	加注液体量少	加注液体
	带关断阀的手阀关闭	打开手阀
	泵故障	修复或更换
三通阀故障	三通阀正常应在最上部	检查，修复，或手动调整到最上部
风机故障	风机坏	更换或修复
	风机吸风口吸附杂物	使用较硬的尼龙刷子刷净

液压系统温度低故障及处理见表 6-8。

表 6-8 液压系统温度低故障及处理

故 障	原 因	解 决 方 案
加热器故障	加热器未接线	接线
	加热器断路器未上电	加热器断路器上电
	加热器温度保护器跳开	加注液体
	加热器坏	更换加热器芯
三通阀故障	三通阀加热时应处在最下部	检查，修复，或手动调整到最下部

液压系统压力低故障及处理见表 6-9。

表 6-9 液压系统压力低故障及处理

故 障	原 因	解 决 方 案
有漏点	连接松动	拧紧
加液不足	加液不足，运行时排气后压力降低	加液
排气未净	加液不足，运行时排气后压力降低	排气
膨胀罐无预冲压力	漏气	充压
其他原因	压力传感器坏	更换

液压系统压力高故障及处理见表 6-10。

表 6-10 液压系统压力高故障及处理

故 障	原 因	解 决 方 案
加液太多		排液
膨胀罐预冲压力太高		膨胀罐排气
其他原因	压力传感器坏	更换

11. 偏航过载

（1）偏航余压过高，偏航闸抱死。检查液压站的偏航余压整定值是否过高；偏航电磁阀是否损坏，若损坏则应修理或更换。

（2）偏航减速器故障。检查偏航减速器是否损坏（一般通过听声音，看油的颜色，或拆下偏航减速器到地面打开检查），若损坏则应修理或更换。

（3）偏航电机绝缘损坏。检查偏航电机绝缘及电磁刹车是否损坏，若损坏则应修理或更换。

（4）偏航盘变形。测量偏航盘是否变形，若变形则修理或更换。

12. 切出风速

（1）风速超过 22m/s。待机至风速在风机安全运行范围内。

（2）风速仪故障。相邻风机风速正常，则检查、维修或更换风速仪。

13. 环境温度低

（1）环境温度低于限定值。待机至正常温度。

（2）环境温度传感器故障。检查环境温度传感器及线路，若有故障，应维修或更换。

二、机组事故处理

1. 立即停机处理的情况

发生下列事故之一者，风电机组应立即停机处理：

（1）叶片处于不正常位置或相互位置与正常运行状态不符时。

（2）风电机组主要保护装置拒动或失灵时。

（3）风电机组因雷击损坏时。

（4）风电机组因发生叶片断裂等严重机械故障时。

（5）制动系统故障时。

2. 机组发生起火

机组发生起火时，应立即停机并切断电源，迅速采取灭火措施，防止火势蔓延。若机组发生危及人员和设备安全的故障，应立即拉开该机组线路侧的断路器。

3. 风电机组主开关发生跳闸

先检查主回路晶闸管、发电机绝缘是否击穿，主开关整定动作值是否正确，确定无误后才能重合开关，否则应退出运行进一步检查。

4. 紧急停机

（1）因工作需要，人为按下紧急停机键（机舱顶部、主控柜等）。

（2）在工作完毕后，复位，开机。

（3）安全链动作。

第二节 电气设备异常运行及事故处理

一、事故处理原则

（1）迅速限制事故的发展，隔离事故，解除对人身、设备的威胁。

（2）用一切可能的方法保持未受事故影响设备的运行，以保证供电的连续性。

（3）迅速对已停电的线路恢复供电。

（4）设法保护站用电源，从而保证以上任务顺利完成。

二、事故处理的特殊情况

在某些情况下，为防止事故扩大，值班员可以先操作，后向调度汇报。适于此项规定的情况如下：

（1）对直接威胁人身和设备安全的设备停电。

（2）将已损坏的设备隔离。

（3）断开失电母线上所有开关。

（4）复归信号（包括闪光、光字、声音等）。

（5）站用电倒换，信号熔丝更换等。

三、异常运行与故障处理

1. 变压器异常及处理

（1）变压器内部发出异常声音。变压器在正常运行时，内部发出的声音是均匀的“嗡嗡”声。当出现异常声音时，应判定变压器内部故障，必须立即汇报调度和公司安全部；若认定情况严重，可立即停用，然后汇报调度和公司安全生计部。出现异常的情况如下：

1）声音较大而嘈杂，强烈而不均匀的“噪声”可能是铁芯的穿心螺丝未夹紧，使铁芯松动而造成。个别零件的松动，会发出“叮当”声。某些离开叠层的硅钢片端部振动，有“嘤嘤”声。

2）变压器内部发出“吱吱”或“劈啪”的放电声，这是因为内部接触不良或有绝缘击穿。

3）声音中夹有水的沸腾声时，可能是绕组有较严重的故障，使其附近的零件严重发热；也可能是分接开关的接触不良，导致局部严重过热。

4）声音中夹有爆裂声，既大又不均匀时，可能是变压器器身绝缘有击穿现象。

5）变压器内发出很高而沉重的“嗡嗡”声，这是由于过负荷引起的，可以从电流表指示来进行判断。

6）由于铁磁谐振，使变压器声音变为“嗡嗡”声和“哼哼”声，声音忽而变粗，忽而变细，电压表指示摆动较大，一般是系统低频率的谐振所致。若是因操作引起，则立即用断路器来停用刚才操作的设备。

（2）过负荷。当变压器发出过负荷信号，首先汇报调度，并根据命令减负荷，严密监视变压器的上层油温和冷却器的运行情况，随时注意和记录负荷变化，及时汇报调度。

（3）上层油温过高。当变压器发出上层油温过高信号时，应做以下检查：

1）检查变压器的负荷和冷却介质的温度，并与以往同样负荷及冷却条件相比较，若高出10℃而无冷却器及温度表异常，则可认为变压器内部有故障或异常。

2）检查温度计本身是否失灵，变压器左右温度计是否指示一样。

3）检查冷却系统，如冷却风扇故障，应设法排除，如不能排除，变压器可以继续运行，但要汇报调度，要求减负荷；同时汇报领导，要求尽快处理；此时应严密监视油温不超过允许值，否则立即停用变压器。

4）如冷却器、温度表指示正确无误，如果油温比正常条件高 10℃，且呈上升趋势，此时可先将设备停运，再向调度汇报。

（4）油色、油位异常。

1）油位过低。若变压器无漏油现象，油位明显低于当时油温下应有的油位，应尽快补油，但不能从下部截门补油，防止底部沉淀物冲入绕组内，并且要将重瓦斯保护由跳闸位该为信号位；补油后，应及时检查气体继电器内的气体。

若大量漏油造成油位下降时，应立即采取措施制止漏油。此时不能将重瓦斯保护退出或改接信号位；若不能制止漏油，且油位低于油位计指示下限时，应立即汇报调度，要求紧急停用变压器。

2）油位过高。如变压器油位高出油位计顶端，且无其他异常时，为防止油溢出，则应放油到适当高度，同时应注意油位计、吸潮器和防爆管是否堵塞；避免假油位造成判断失误。

3）油色异常。油色变化明显，油内出现强烈碳质，说明油质急剧下降，这时很容易引起绕组与外壳间发生击穿事故，应汇报调度，立即停用变压器。

4）变压器套管缺陷。若套管出现严重破裂或漏油，表面有放电及电弧闪络的痕迹时，会引起套管的击穿，此时应汇报调度，立即停运。

（5）变压器着火。其主要原因是套管的破损和闪络，油溢出并在顶部燃烧；变压器内部故障，使外壳或散热器破裂，使燃烧着的油溢出。此时应立即将变压器各侧断路器和隔离开关拉开，断开冷却器电源，然后进行灭火。灭火时应使用干式二氧化碳灭火器、四氯化碳灭火器、1211 灭火器、干砂等灭火，不能使用泡沫灭火器。若变压器顶盖着火，则应打开事故放油阀，将变压器油位放至着火处以下。若系变压器内部故障而着火，则不允许放油，以防止变压器发生爆炸。

（6）变压器运行中发生下列事故应立即将变压器停运，并报告调度和主管领导：

1）变压器内部有明显的放电声。

2）在正常的冷却条件下变压器温度明显升高并且持续上升。

3）从防爆筒或其他破裂处喷油。

4）严重漏油，油位低于油标管下限。

5）套管有严重破裂和放电现象。

6）变压器油发生明显变化出现碳质。

7）套管导电杆与引接线接触不良，出现过热、冒烟、喷油。

2. 110kV 断路器异常及处理

（1）当发生 SF_6 气压降低，继电器发信号时，根据压力表指示判断确属压力降低时，通知检修人员补气并及时查找漏气部分进行处理；若压力降至 0.43MPa 以下闭锁分合闸时，应用其他方法将断路器退出运行，但不允许带电操作此断路器。

（2）SF_6 断路器在运行状态时内部有放电声或其他异常声音时，应将其停运。

（3）SF_6 断路器瓷瓶严重放电时，应将其停运。

3. 隔离开关异常及处理

（1）触头发热超过 75℃、90℃、105℃（裸铜、镀锡、镀银或镍），应停用。

（2）支持绝缘子有裂纹、破损、应视程度轻重决定是否停用。

（3）拒绝分合闸，此时应查明原因，禁止盲目操作。如操作不能实现，应检查操作程序是否正确，如程序正确，则汇报值长，方可解除闭锁进行操作。如电动操作机构故障，可改为手动操作。如传动机构故障，则应申请检修处理。如操作时发现刀刃与刀嘴接触部分有抵触时，则不应强行操作，否则可能造成支持绝缘子的破坏而造成事故。

4. 电压互感器异常及处理

（1）如电压互感器声音异常、冒烟、气体泄漏、有焦臭味和引线与外壳有火花，应立即停用，停电时，因 110kV 高压侧电压互感器无熔断器，应用断路器将其停用。

（2）如遇着火，则立即停电，再用干粉式灭火器、1211 灭火器或干砂灭火。

（3）电压互感器漏气或低于允许值 0.35MPa 时，应立即申请停用。

（4）电压互感器本体过热、漏油、流胶、应停用。

（5）套管放电或有严重裂纹，应停用。

（6）本体有断线或短路时，应停用。

5. 电流互感器异常及处理

（1）当电流互感器二次侧开路时，电流表计指示不正常，保护及自动装置会发出相应的异常信号，电流互感器本体发热，有电磁声。当电流互感器二次开路时，应立即处理；若无法处理，应立即汇报调度，要求停用电流互感器，同时应退出可能误动的保护。

（2）当发现电流互感器过热、、发出焦臭味、冒烟等现象，应立即停用电流互感器。

（3）如遇电流互感器失火，应立即停电、停用，然后用干粉灭火器、1211 灭火器或干砂灭火。

6. 电容器异常及处理

（1）电容器过流，达额定值 130%时，应退出电容器运行。

（2）电容器本体出现下列情况之一时，应立即停用。

1）喷油、爆炸、起火。

2）瓷瓶发生严重放电闪络现象。

3）接头过热或熔化。

4）内部有放电声及放电设备异音。

5）外壳温度超过 55℃，或环境温度超过 40℃。

6）三相不平衡电流超过 5%以上。

7）电容器渗漏油严重。

（3）当电容器着火，应先断开电源，然后使用泡沫灭火器、1211 灭火器或干砂灭火。

四、典型事故处理

1. 系统低频跳闸

跳闸后，退出跳闸线路重合闸，复归信号，做好记录，监视周波和潮流变化情况，汇报调度。待系统周波恢复正常以后，在调度命令下，恢复线路供电，并投入重合闸。

2. 小电流接地系统单相接地事故

（1）35kV 为小接地系统，在发生单相接地时开关不跳闸，允许接地运行，但时间不能超过 2h。这是因为长时间接地运行，易引起过电压，造成绝缘击穿发展为相间故障，所以应尽快找出故障点加以隔离。

（2）值班人员应准确区分单相接地，铁磁谐振，电压互感器熔丝熔断等几种情况，然后准确汇报。

（3）当发生接地后，监测三相对地电压和线电压，根据表计指示和信号进行判断。值班员在检查站内设备时，应穿绝缘鞋，戴绝缘手套。若接地点在站外，应汇报安生部及值长，在其命令下试拉闸寻找。

（4）当发生接地时，值班人员应记录发生时间，接地相别，电压指示以及消除时间等。

3. 站用变失电

（1）变电站内发生事故，使站用电失电时，设法恢复。不能恢复立即汇报调度。

（2）若站用电失电影响到主变风扇电机的用电应向调度汇报，并限制主变的负荷至允许范围。

4. 主变事故

（1）变压器的严重异常现象及其分析。变压器的油箱内有强烈而不均匀的噪音和放电声音，是由于铁芯的夹件螺丝夹得不紧，使铁芯松动造成硅钢片间产生振动。振动能破坏硅钢片间的绝缘层，并引起铁芯局部过热。至于变压器内部有“吱吱”的放电声是由于绕组或引出线对外壳闪络放电，或是铁芯接地线断线，造成铁芯对外壳感应而产生的高电压发生放电引起的，放电的电弧可能会损坏变压器绝缘。

变压器在正常负荷和正常冷却方式下，如果变压器油温不断升高，则说明本体内部有故障，如铁芯着火或绕组匝间短路。铁芯着火是涡流引起或夹紧铁芯用的穿芯螺丝绝缘损坏造成的。此时，铁损增大，油温升高，使油老化速度加快，增加气体的排出量，所以在进行油的分析时，可以发现油中有大量的油泥沉淀，油色变暗，闪点降低等。而穿芯螺丝绝缘破坏后，会使穿芯螺丝短接硅钢片；这时便有很大的电流通过穿芯螺丝，使螺丝过热，并引起绝缘油的分解，油的闪点降低，使其失掉绝缘性能。铁芯着火若逐渐发展引起油色逐渐变暗，闪点降低，这时由于靠近着火部分温度很快升高致使油温逐渐达到着火点，造成故障范围内的铁芯过热，甚至熔化在一起。在这种情况下，若不及时断开变压器，就可能发生火灾或爆炸事故。

油色变化过甚，在取油样进行分析时，可以发现油内含有炭柱和水分，油的酸价、闪点降低，绝缘强度降低，这说明油质急剧下降，这时很容易引起绕组与外壳间发生击穿事故。

套管有严重的破损及放电炸裂现象，尤其在闪络时，会引起套管的击穿，因为这时发热很剧烈，套管表面膨胀不均，甚至会使套管爆炸。

变压器着火，此时则将变压器从电网切断后，用消防设备进行灭火。在灭火时，须遵守《电气消防规程》的有关规定。

对于上述故障，在一般情况下，变压器的保护装置会动作，将变压器两侧的断路器自动跳闸，如保护因故未动作，则应立即手动停用变压器，并报告调度及上级。

（2）主变压器的事故处理。当变压器的油温升高至超过许可限度时，应检查变压器的负荷及冷却介质的温度并与以往同负荷及冷却条件相比较，检查温度计本身是否失灵，检查散热器阀门是否打开，冷却装置是否正常。若以上均正常，油温比以往同样条件下高10℃，且仍在继续上升时则可断定是变压器的内部故障，如铁芯着火或匝间短路等。铁芯发热可能是涡流所致，或夹紧用的穿芯螺丝与铁芯接触，或硅钢片间的绝缘破坏，此时，差动保护和瓦斯保护不动作。铁芯着火逐渐发展引起油色逐渐变暗，并由于着火部分温度很快上升致使油的温度渐渐升高，并达到着火点的温度，这时是很危险的，若不及时切除变压器，就有可能发生火灾或爆炸事故，因此，应立即报告调度和上级，将变压器停下，并进行检查。

（3）主变压器漏油和着火。变压器大量漏油使油位迅速下降时，应立即汇报调度。禁止将重瓦斯保护改为作用于信号。因油面过低，低于顶盖，没有重瓦斯保护动作于跳闸，会损坏绝缘，有时变压器内部有“吱吱”的放电声，变压器顶盖下形成空气层，就有很大危险，所以必须迅速采取措施，阻止漏油。

变压器着火时，应首先切断电源，若是顶盖上部着火，应立即打开事故放油阀，将油放至低于着火处，此时要用干式灭火器、四氯化碳灭火器或沙子灭火，严禁用水灭火，并注意油流方向，以防火灾扩大而引起其他设备着火。

（4）主变有载分接开关的故障。过渡电阻在切换过程中被击穿烧断，在烧断处发生闪络，引起触头间的电弧越拉越长，并发出异常声音。 分接开关由于密封不严而进水，造成相间闪络。 由于分接开关滚轮卡住，使分接开关停在过渡位置上，造成相间短路而烧坏。调压分接开关油箱不严密，造成油箱油位指示器处与主变油箱内的油相连通，而使两油箱油位指示器的油位相同，这样，使分接开关的油位指示器出现假油位，造成分接开关油箱内缺油，危及分接开关的安全运行。所以，有载调节的变压器油枕上，装有两个油位指示器，一个是指示有载分接开关油箱内油位，另一个是指示变压器油箱内的假油位，两个油箱是隔离的，所以这两个油位指示是不同的，在运行中应注意检查。

以上故障的处理，值班人员需监视变压器的运行情况，如电流、电压、温度、油色和声音的变化；试验人员应立即取油样进行气相色谱分析；鉴定故障的性质，值班人员应将分接开关切换到完好的另一挡，此时变压器仍继续运行。

（5）主变主保护动作时的原因和处理。

1）瓦斯保护动作时的处理。瓦斯保护根据事故性质的不同，其动作情况可分为两种：一种是动作于信号，并不跳闸；另一种是两者同时发生。

轻瓦斯保护动作，通常是因进行滤油、加油和启动强迫油循环装置而使空气进入变压器；因温度下降或漏油致使油面缓慢低落；因变压器轻微故障而产生少量气体；由于外部穿越性短路电流的影响。

引起重瓦斯保护动作跳闸的原因，可能是由于变压器内部发生严重故障，油面剧烈下降或保护装置二次回路故障，在某种情况下，如检修后油中空气分离得太快，也可能使重瓦斯保护动作于跳闸。

轻瓦斯保护动作时，首先应解除音响信号，并检查瓦斯继电器动作的原因，根据气体分析，进行处理，若是由于带电滤油，加油而引起的，则主变可继续运行。

2）差动保护动作时的处理。当变压器的差动保护动作于跳闸时，应对差动保护范围内的各部分进行检查。重点检查：变压器的套管是否完整，连接变压器的母线上是否有闪络的痕迹；电缆头是否损伤，电缆是否有移动现象；若检查结果没有上述现象，则应查明变压器内部是否有故障。当变压器内部有损伤时，则不许将变压器合闸送电。有时差动保护在其保护范围外发生短路时，可能会发生误动，如果变压器没有损伤的象征时，有条件的可将变压器由零起升压试验后再送电，无条件时，则应检查差动保护的直流回路。若没有发现变压器有故障，就可空载合闸试送电，合闸后，经检查正常后，方可与其他线路接通。

若跳闸时一切都正常，则可能为保护装置误动作，此时应将各侧的断路器和隔离开关断开，由试验人员试验差动保护的整套装置。若为电流速断保护动作，其动作的处理可参照差动保护的处理。

（6）110kV 装有零序保护而动作于跳闸。一般均为系统发生单相接地故障所致，发生事故后，应汇报调度听候处理。

（7）变压器自动跳闸。在变压器自动跳闸时，应检查变压器跳闸的原因，查明属何种保护动作及在变压器跳闸时有何种外部现象。如果检查结果表明变压器跳闸不是由于内部故障所引起的，而是由于过负荷，外部短路或保护装置二次回路故障所造成的，则变压器可不经外部检查而重新投入运行，如果检查时发现有内部故障现象，则应进行内部检查，待故障消除后，方可再投入运行。

5. SF_6断路器漏气

运行中的断路器是否缺 SF_6，要认真地进行判断，以防因气候的变化导致压力表看不见气压时，而作为缺气处理。只有断路器大量漏气而低于允许气压时才确系断路器漏气。此时，SF_6断路器已不能安全的灭弧切断电路了，为此必须立即拔掉该断路器的操作保险，并挂“严禁操作”的标示牌，尽一切办法停用断路器。如以断开上级断路器的方法来使其停电。

6. 全站失压事故

对全站失压的判断不能仅仅依据站用电源的消失与否来断定，而应该进行综合判断分析；先检查站用电源的消失的原因，是否为开关跳闸引起，或是站用变本身高压保险熔断引起。

对全站失电的处理细则：

（1）认真进行检查，核实停电时站内有无异常声、光来判断是否由于站内故障造成的全站失压。如是站内引起的失压，则请示调度或按现场规定处理。若不是站内故障，则应报告调度。

（2）电网全网故障造成全站失压时，站内 110kV、35kV 各出线的开关不会跳闸，而其负荷消失。

（3）由于全站失压后站用电消失，在保证恢复全站供电安全的情况下，要尽量减少不必要的操作，以保证蓄电池电源。

（4）当判明全站失压后，应首先断开各电源开关（包括 101 开关、301 开关、401 开关、402 开关），及 35kV 各负荷开关。

（5）所有线路保护和安全自动装置保持在投入位置。

（6）上述操作涉及调度设备应根据地调命令进行。

在断开各电源开关以后，应尽量采取措施保障通信的畅通，同时密切监视直流系统电压和电池容量。恢复送电时，在判明线路确有电后，应根据调度命令进行。在恢复所有系统后，还应检查各系统的负荷情况以及所用变运行和直流系统充电情况。当发生全站失压时，值班人员首先要保持镇静和头脑清醒，认真分析失压原因，相互紧密配合进行处理。认真做好各项相关记录，发现问题及时与调度联系，同时及时将情况向场长、公司安全部、公司领导汇报。

7. 线路断路器事故跳闸

（1）单电源的断路器跳闸时，重合闸动作未成功。检查是哪一套保护动作；检查断路器及出线部分有无故障现象，汇报调度；如无故障现象，可退出重合闸，在征得调度同意后，值班人员可试送一次。试送成功后，通知继保人员对重合闸装置进行校验。校验合格后，可恢复重合闸，并报告调度。试送失败后通知有关人员进行查线。

（2）双电源的断路器跳闸。立即检查继电保护及重合闸装置的动作情况，报告调度，听候处理，值班人员不得任意试送；如有检无压重合闸的断路器跳闸时，在重合闸未动作前，值班人员不得任意操作其控制开关，而应报告调度听候处理。还应根据重合闸方式检查各出线情况，如重合闸投同期重合时，断路器跳闸后，应根据断路器两侧都要有电压时并符合同期条件时重合闸才能动作。如只有一侧有电压时只有等另一侧有电压后，重合闸才能动作。如投检无压重合闸时，应等线路电压消失或降低至低电压继电器动作值时，重合闸装置才能动作，如以上情况下，重合闸装置均未动作时，应通知继保人员对装置进行校验检查。

8. 隔离刀闸故障

（1）隔离刀闸拉不开或合不上。当隔离刀闸拉不开或合不上时，如因操作机构被卡涩，应对其进行轻轻地摇动，此时注意支持绝缘子及操作机构的每个部分，以便根据它们的变形和变位情况，找出存在抵抗力的地点。

（2）隔离刀闸接触部分发热。隔离刀闸接触部分发热是由于压紧的弹簧或螺栓松动及触头表面氧化所致，通常发展很快。因为受热的影响接触部分表面更易氧化，使其电阻增加，温度升高，若不断地发展下去可能会发生电弧，进而演变为接地短路。

线路隔离刀闸发热时，处理发热隔离刀闸，可继续运行但需加强监视，直到可以停电检修为止。

9. 电压互感器事故

（1）电压互感器回路断线。电压互感器高、低压侧熔断器熔断，回路接头松动或断线，电压切换回路辅助接点及电压切换开关接触不良，均能造成电压互感器回路断线。当电压互感器回路断线时：“电压互感器回路断线”报警，有功功率表指示异常，电压表指示为零或三相电压不一致，电度表停走或走慢，若是高压熔断器熔断，则可能还有接地信号发出。

当发生上述故障时，值班人员应作好下列处理：将电压互感器所带的保护与自动装置停用，如停用 110kV 的距离保护，低电压闭锁，由距离继电器实现的振荡解列装置，重合闸及自动投入装置，以防保护误动；如果由于电压互感器低压回路发生故障而使指示仪表的指示值发生错误时，应尽可能根据其他仪表的指示，对设备进行监视，并尽可能不改变原设备的运行方式，以避免由于仪表指示错误而引起对设备情况的误判断，甚至造成不必要的停电事故；详细检查高、低压熔断器是否熔断，如高压熔断器熔断，应拉开电压互感器出口隔离刀闸，取下低压熔断器，并验明无电压后更换高压熔断器，同时检查在高压熔断器熔断前是否有不正常现象出现，并测量电压互感器绝缘，确认良好后，方可送电；如低压熔断器熔断，应查明原因，及时处理，如一时处理不好，则应考虑调整有关设备的运行方式。在检查高、低熔断器时应作好安全措施，以保证人身安全，防止保护误动作。

（2）电压互感器低压回路短路。电压互感器由于低压回路受潮、腐蚀及损伤而发生一相接地，便可能发展成两相接地短路，另外，电压互感器内部存在着金属性短路，也会造成电压互感器低压短路，在低压回路短路后，其阻抗减小，仅为副线圈的电阻，所以通过低压回路的电流增大，导致低压侧熔断器熔断，影响表计指示，引起保护误动作。此时，如熔断器容量选择不当，还极易烧坏电压互感器副线圈。

当电压互感器低压回路短路时，在一般情况下高压熔断器不会熔断，但此时电压互感器内部有异常声音，将低压侧熔断器断开后并不停止，其他现象则与断线情况相同。

对电路中的电压互感器，当发生低压回路短路时，如果高压熔断器未熔断，则可拉开其出口隔离开关，将故障电压互感器停用，但要考虑在拉开隔离刀闸时会产生弧光和危害性。